大宗工业固体废物综合利用

——矿浆脱硫

宁平 孙鑫 董鹏 李凯 著

北 京

冶 金 工 业 出 版 社

2018

内 容 提 要

本书描述了大宗工业固体废物现状，总结了现阶段大宗工业固体废物在各行业的综合利用途径，并结合最新科学研究成果，详述了大宗工业固体废物制成矿浆在工业废气脱硫方面的应用。

本书可供环境、化工等专业的师生使用，也可供从事相关专业的工程技术人员和管理人员参考。

图书在版编目(CIP)数据

大宗工业固体废物综合利用：矿浆脱硫/宁平等著 . —北京：
冶金工业出版社，2018.1
ISBN 978-7-5024-7645-8

Ⅰ.①大… Ⅱ.①宁… Ⅲ.①矿浆—脱硫—工业固体废物
—固体废物利用—研究 Ⅳ.①X705

中国版本图书馆 CIP 数据核字(2017)第 258203 号

出 版 人 谭学余
地 址 北京市东城区嵩祝院北巷 39 号 邮编 100009 电话 (010)64027926
网 址 www.cnmip.com.cn 电子信箱 yjcbs@cnmip.com.cn
责任编辑 郭冬艳 美术编辑 吕欣童 版式设计 孙跃红
责任校对 禹 蕊 责任印制 李玉山
ISBN 978-7-5024-7645-8
冶金工业出版社出版发行；各地新华书店经销；三河市双峰印刷装订有限公司印刷
2018 年 1 月第 1 版，2018 年 1 月第 1 次印刷
169mm×239mm；12 印张；233 千字；182 页
50.00 元
冶金工业出版社 投稿电话 (010)64027932 投稿信箱 tougao@cnmip.com.cn
冶金工业出版社营销中心 电话 (010)64044283 传真 (010)64027893
冶金书店 地址 北京市东四西大街 46 号(100010) 电话 (010)65289081(兼传真)
冶金工业出版社天猫旗舰店 yjgycbs.tmall.com
(本书如有印装质量问题，本社营销中心负责退换)

前　言

随着我国经济的发展，产生的工业固体废物无论从数量上还是从种类上都在迅速增长，并且大量资源能源消耗的粗放型经济增长模式在短期内难以发生根本性改变，这将会导致我国在未来十几年甚至几十年，都会面临处理巨量工业固体废物的挑战。同时工业固体废物对大气、水体以及土壤等方面都会造成不同程度的危害。一般工业固体废物大都为大宗工业固体废物。

大宗工业固体废物是指我国各工业领域在生产活动中年产生量在1000万吨以上，对环境和安全产生较大影响的固体废物，主要包括：尾矿、煤矸石、粉煤灰、冶炼渣、工业副产石膏、赤泥和电石渣。

本书作者长期从事固废综合利用的相关研究，积累了大量信息、知识、数据。本书是作者在对我国近年来对大宗工业固体废物综合利用的总结，结合科研团队的研究成果，参考国内外文献、专利的基础上编写而成的。本书系统阐述了大宗工业固体废物的现状、危害、特征及综合利用现状，并对大宗工业固体废物在气体脱硫方面进行了详细的描述和展望。全书共分5章，内容包括大宗工业固体废物现状、大宗工业固体废物的分类和特征、大宗工业固体废物的综合利用、大宗工业固体废物脱硫现状等。

本书既讲述了传统的大宗工业固体废物综合利用技术，又介绍了目前先进技术，注重现阶段工业固体废物在各行业中的应用，并对大宗工业固体废物在工业废气 SO_2 脱除中的应用进行重点阐述，所述内容详实，理论联系实际，有助于读者全面了解该领域的研究现状及其发展，并附有参考文献，可供读者参阅。

本书由昆明理工大学环境科学与工程学院和冶金与能源工程学院的相关教师共同编写。其中，第1、4、5章由昆明理工大学环境科学与工程学院孙鑫编写；第2章由昆明理工大学环境科学与工程学院李凯编写；第3章由昆明理工大学冶金与能源工程学院董鹏编写。昆明理工大学环境科学与工程学院宁平教授为本书的撰写提出了指导性意见并统稿。刘娜、冉继伟、孙丽娜、肖荷露等参与了相关文献的检索、收集和整理，以及提供相关研究数据等工作，在此向他们表示感谢。在编写此书时，参考了有关书籍和期刊，本书的出版同这些图书及相关论文作者的辛勤工作是分不开的，在此一并向他们表示感谢。

由于作者水平有限，书中不妥之处，恳请广大读者批评指正。

作　者

2017 年 8 月

目 录

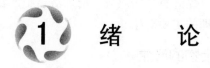 **绪　　论**

1.1　大宗工业固体废物的定义

1.1.1　固体废物

固体废物是指在生产、生活和其他活动过程中产生的丧失原有的利用价值或者虽未丧失利用价值但被抛弃或者放弃的固体、半固体、置于容器中的气态物品（物质）以及法律法规规定纳入废物管理的物品（物质）。不能排入水体的液态废物和不能排入大气的置于容器中的气态物质，由于多具有较大的危害性，一般归入固体废物管理体系。

1.1.2　工业固体废物

工业固体废物（产业废弃物）是指工业生产过程中排出的各种废渣、粉尘及其他废物，如化学工业的酸碱污泥、机械工业的废铸砂、食品工业的活性炭渣、纤维工业的动植物纤维屑、硅酸盐工业的砖瓦碎块等。工业固体废物数量庞大、成分复杂、种类繁多。有一般工业固体废物（产业废弃物处理）和工业有害固体废物之分。前者如高炉渣、钢渣、赤泥、有色金属渣、粉煤灰、煤渣、硫酸渣、废石膏、盐泥等；后者包括有毒的、易燃的、有腐蚀性的、能传播疾病的及有强化学反应的废弃物。随着工业生产的发展，工业固体废物（产业废弃物）数量日益增加，其消极堆放占用土地，污染土壤、水源和大气，影响作物生长，危害人体健康；如经过适当的工艺处理，可成为工业原料或资源。

1.1.3　大宗工业固体废物

大宗工业固体废物（下称大宗工业固废）是指我国各工业领域的生产活动中年产生量在1000万吨以上，对环境和安全影响较大的固体废物，主要包括尾矿、煤矸石、粉煤灰、冶炼渣、工业副产石膏、赤泥和电石渣等。

据中国国家统计局的相关数据显示，我国的工业固废年产量呈逐年上升之势，80%的工业固体废弃物是电力、热力的生产和供应业，黑色金属冶炼及压延加工业，有色金属矿采选业，煤炭开采和洗选业，黑色金属矿采选业等五大行业产生的固体废弃物。这些固体废弃物的大量堆积不仅侵占了土地面积，而且还污染了土壤、水体和大气。为了减少对环境的危害，提高对"放错了地方的资源"

的利用率，工信部在《"十二五"大宗工业固体废物综合利用专项规划》中将来自上述五大行业的尾矿、煤矸石、粉煤灰、冶炼渣、副产石膏和赤泥列为大宗工业固废，并将其作为处理的主要对象。

1.2　大宗工业固体废物的产生

1.2.1　尾矿的产生

尾矿，是指选矿中分选作业的产物里有用目标组分含量较低而无法用于生产的部分。不同种类和不同结构构造的矿石，需要不同的选矿工艺流程，而不同的选矿工艺流程所产生的尾矿，在工艺性质上，尤其在颗粒形态和颗粒级配上，往往存在一定的差异，按照选矿工艺流程，尾矿可分为手选尾矿、重选尾矿、磁选尾矿、浮选尾矿、化学选矿尾矿、电选及光电选尾矿等，还可按照尾矿中主要组成矿物的组合搭配情况分类。

1.2.2　粉煤灰的产生

粉煤灰，是从煤燃烧后的烟气中收捕下来的细灰，粉煤灰是燃煤电厂排出的主要固体废物。随着电力工业的发展，燃煤电厂的粉煤灰排放量逐年增加，成为我国当前排量较大的工业废渣之一。我国火电厂粉煤灰的主要氧化物组成为SiO_2、Al_2O_3、FeO、Fe_2O_3、CaO、TiO_2、MgO、K_2O、Na_2O、SO_3、MnO、P_2O_5等，其中氧化硅、氧化铝和氧化钛来自黏土、页岩，氧化铁主要来自黄铁矿，氧化镁和氧化钙来自与其相应的碳酸盐和硫酸盐。

粉煤灰的主要来源是以煤粉为燃料的火电厂和城市集中供热锅炉，其中90%以上为湿排灰，活性较干灰低，且费水费电、污染环境，也不利于综合利用。为了更好地保护环境，并有利于粉煤灰的综合利用，考虑到除尘和干灰输送技术的成熟，干灰收集已成为今后粉煤灰收集的发展趋势。

1.2.3　煤矸石的产生

煤矸石是采煤过程和洗煤过程中排放的固体废物，是一种在成煤过程中与煤层伴生的一种含碳量较低、比煤坚硬的黑灰色岩石。包括巷道掘进过程中的掘进矸石、采掘过程中从顶板、底板及夹层里采出的矸石以及洗煤过程中挑出的洗矸石。其主要成分是Al_2O_3、SiO_2，另外还含有数量不等的Fe_2O_3、CaO、MgO、Na_2O、K_2O、P_2O_5、SO_3和微量稀有元素（镓、钒、钛、钴）等。

煤矸石是矿业固体废物的一种，包括洗煤厂的洗矸、煤炭生产中的手选矸、半煤巷和岩巷掘进中排出的煤和岩石以及和煤矸石一起堆放的煤系之外的白矸等，是碳质、泥质和砂质页岩的混合物，具有低发热值，含碳20%～30%，有些含腐殖酸。煤矸石是在成煤过程中与煤共同沉积的有机化合物和无机化合物混合在一起的岩石，通常呈薄层，在煤层中、煤层顶或煤层底。煤矸石按主要矿物含量分为黏土岩类、砂石岩类、碳酸盐类、铝质岩类。按来源及最终状态，煤矸石可分为掘进矸石、选煤矸石和自然矸石三大类。煤矸石排放量根据煤层条件、开采条件和洗选工艺的同有较大差异，一般掘进矸石占原煤产量的 10% 左右，选煤矸石占入选原煤量的 12% ~18% 。

煤矸石产生的途径有以下三种：

（1）掘进矸石是在井筒与巷道掘进过程中开凿排出的，占矸石总量的 45% ；

（2）在采煤和煤巷掘进过程中，由于煤层中夹有矸石或削下部分煤层顶底板，使运到地面的煤炭中含有的原矸，占矸石总量的 35% ；

（3）由洗煤厂产生的洗矸，以及少量人工挑选的拣矸，占矸石总量的 20% 。

1.2.4 工业副产石膏的产生

工业副产石膏是指工业生产中因化学反应生成的以硫酸钙为主要成分的副产品或废渣，也称化学石膏或工业废石膏。主要包括脱硫石膏、磷石膏、柠檬酸石膏、氟石膏、盐石膏、味精石膏、铜石膏、钛石膏等，其中脱硫石膏和磷石膏的产生量约占全部工业副产石膏总量的 85% 。

1.2.5 赤泥的产生

赤泥，亦称红泥，是从铝土矿中提炼氧化铝后排出的工业固体废物，一般含氧化铁量大，外观与赤色泥土相似，因而得名，但有的因含氧化铁较少而呈棕色，甚至灰白色。铝土矿中铝含量高的，采用拜尔法炼铝，所产生的赤泥称拜尔法赤泥；铝土矿中铝含量低的，用烧结法或用烧结法和拜尔法联合炼铝，所产生的赤泥分别称为烧结法赤泥或联合法赤泥。

一般平均每生产 1t 氧化铝，附带产生 1.0~2.0t 赤泥。中国作为世界第 4 大氧化铝生产国，每年排放的赤泥高达数百万吨。

1.2.6 冶炼废渣的产生

冶炼废渣是指冶金工业生产过程中产生的各种固体废弃物，主要指钢铁冶炼中产生的高炉渣、钢渣，有色金属冶炼产生的各种有色金属渣，如铜渣、铅渣、锌渣、镍渣等，以及轧钢过程产生的少量氧化铁渣等。2005 年、2010 年及 2015年产生的废渣量和利用率如表 1-1 所示。从表中可以看出，目前的废渣利用率还没有达到国家要求的水平。

以锰渣为例：

锰及锰合金是钢铁工业、铝合金工业、磁性材料工业、化学工业等不可缺少的重要原料之一。锰的提炼方式主要有火法和电解法（湿法）两种，其中电解法制备的金属锰，纯度可达 99.7% ~99.9% ，已成为金属锰生产的主要方式。

表 1-1 产生的废渣量和利用率

固体废物种类	2005		2010		2015	
	产生量/t	利用率/%	产生量/亿吨	利用率/%	产生量/亿吨	利用率/%
尾渣	7.33	7	12.3	14	13	20
冶炼渣	1.17	37	3.15	55	4	70

我国锰储量只占世界陆地总储量的 6%，且具有规模小、贫矿多、富矿少、杂质含量高、贫而难选等特点，导致每年必须进口大量的锰矿石（表 1-2）。我国锰矿石平均品位只有 22%，远低于国际商品级富矿石标准（$w(Mn) \geqslant 48\%$）。

表 1-2 2007~2012 年我国锰矿石进口量

年份	2007	2008	2009	2010	2011	2012
产生量/万吨	663	757	962	1158	1299	1237
同比增长/%	6.76	14.18	27.0	20.3	12.1	-4.77

我国是世界电解锰第一大生产国和出口国。电解锰行业属于高耗电、高污染行业，大部分发达国家早已停止生产，目前全球生产电解锰的国家只有中国和南非。截至 2012 年底，我国 2007~2012 年电解锰产生量统计结果见表 1-3。2007~2012 年间，我国电解锰产生量约为 749 万吨，其中 2011 年达到 148 万吨，占全球 97% 以上。2012 年产生量相比 2011 年略有下降，为 116 万吨，但与 2007 年相比，增长了 11.62%。全国共有电解锰企业 190 家，主要分布在湖南、广西、贵州、宁夏和重庆五省（市、自治区），其电解锰产量占比超过 90%。

表 1-3 2007~2012 年我国电解锰产生量

年份	2007	2008	2009	2010	2011	2012
产生量/万吨	102	114	131	138	148	116
同比增长/%	39.78	11.18	14.80	5.77	7.04	-21.61

1.2.7 电石渣的产生

电石渣主要来源于电石法聚氯乙烯与醋酸乙烯生产。每生产 1t 聚氯乙烯耗电石约 1.45t，每吨电石水解后产生 1t 多电石渣，故每生产 1t 聚氯乙烯需排出 2t 多电石渣。

1.3 大宗工业固体废物对环境的危害

大宗工业固体废物对环境的危害普遍表现在大气、水、土壤等方面。堆放的大宗工业固废中的细微颗粒、粉尘等可随风飞扬，从而对大气环境造成污染；堆积的大宗工业固废中某些物质的分解和化学反应，在不同程度上产生毒气或恶臭，造成地区性空气污染；有不少国家直接将大宗工业固废倾倒于河流、湖泊或海洋，严重危害水生生物的生存条件，并影响水资源的充分利用；当大宗工业固废中含有重金属时，其淋洗和渗滤液中所含有害物质会改变土壤的性质和土壤结构，抑制植物生长和发育，并对土壤中微生物的活动产生影响。以下对各类大宗工业固废的主要危害进行简要介绍。

（1）尾矿的危害。尾矿库指筑坝拦截谷口或围地构成的，用以堆存金属或非金属矿山进行矿石选别后排出的废矿石、煤矸石或其他工业废渣的场所。尾矿库是一个具有高势能的人造泥石流危险源，存在溃坝危险，一旦失事，容易造成重特大事故。

以我国的金山尾矿库为例，金山尾矿库设计库区纵深 150m，汇水面积 0.20km^2，尾矿坝高 50m 时库容 103 万立方米，服务年限为 5a。由于库内纵深长度只有 150m，使用时要保证尾矿库干滩长度 70m 的要求，就不能满足必要的尾矿水澄清距离。尾矿颗粒中小于 0.019mm 的含量达 33.16%，为了改善库内溢流水的水质，尾矿库经常处于高水位状态作业，平时干滩长度只有 20m 左右。在雨季经常被迫停用，基本不能正常运行。1986 年 4 月 30 日发生溃坝事故，坝顶决口宽 245.5m，底部决口宽 111m，84 万吨尾矿和水冲出库区，下游 2km 农田和水塘被淹没或受到污染，造成 19 人死亡，100 多人受伤，损失严重。事故的直接原因系库内水位超高，子坝由松散尾砂堆成，不能承受水的渗透压力，发生渗透坍塌，导致水漫过沉积滩顶溃坝。

（2）粉煤灰的危害。大量的粉煤灰如不加以处理，会产生扬尘，污染大气，对人体健康危害很大。在煤烟型污染城市，大气气溶胶是主要污染物，在我国大多数城市，燃煤飞灰是悬浮颗粒物的主要来源，在冬季因燃煤上升，导致空气中飞灰的增加。煤中有害元素大于 2μm 的颗料可沉积在鼻咽区，小于 2μm 的沉积在支气管、肺泡区，被血液吸收，送到人体各个器官，对人体健康的危害更大。另外，细颗粒能长时间漂浮在大气环境中（一般 7～10d），随气流进行远距离输送，造成区域性环境污染。粉煤灰造成了大气的可视度下降，进而给大气层又穿了一件"保暖内衣"，使大气成的保温效应更加严重，最终将会导致温室效应的加重。更需要注意的是某些粉煤灰含有放射性元素，易对人体健康造成危害。

（3）煤矸石的危害。目前，多数煤矸石的堆积未经设计，矸石山堆放极不正规、结构疏松。煤矸石等的地下开采造成采空区，在人为开挖、降雨淋滤等作用下，稳定性差的矸石山就容易引发诸如滑坡、崩塌、泥石流等地质灾害。如 2012 年徐州旗山矿煤矸石山发生坍塌，致使 2 人被埋身亡。同时，煤矸石在长期堆放过程中，经风吹、日晒、雨淋等作用，析出的 Hg、Pb、Ga、Ti、Sn、V、Co 等有毒重金属随地表径流转入江、河、湖和地下水中，造成水体的污染。煤矸石污染土壤主要有两种方式：1）矸石山风化飘落的降尘含有有害的重金属元素，它能严重污染土壤，同时还会阻碍植物的光合作用；2）降尘进入土壤后，将改变土壤的 pH 值和土壤中微量重金属的平衡。

（4）工业副产石膏的危害。工业副产石膏的危害主要包括磷石膏和脱硫石膏两个方面。

磷石膏的处理分为海上处理和陆上处理。海上处理一般是将磷石膏直接投放到深海处，此方法会对海洋生态环境造成严重危害。陆上处理主要是露天堆放和再利用，而因磷石膏具有放射性，易对环境造成放射性污染，具体表现为以下三个方面。

1）磷石膏的排放对周边环境的辐射危害。

2）在利用磷石膏做原料或掺料生产建材制品时，放射性元素对环境的危害。

3）磷石膏渣场使用年限结束后，在利用磷石膏渣场作为建筑用地时，磷石膏对环境的辐射危害。磷石膏渣场在使用结束封场后，可以作为建筑用地使用。但是由于存在辐射污染的可能性，因此在使用时必须考虑防辐射措施。

脱硫石膏引起严重的环境问题就是大气污染，其中最主要的问题之一就是"环境酸化"。"环境酸化"与 SO_2、NO_x 排入大气中有密切的关系，一般它们以两种方式进入地面。一种是湿沉降。大气中的 SO_2、NO_x 被雨水带到地面，经太阳暴晒，挥发出"酸性物质"，加重"酸雨"的威胁。到雨天，脱硫石膏经雨水冲刷渗入土地农田，污染地表水和地下水，造成大面积污染。另一种方式是干沉降。大气中的 SO_2、NO_x 直接落到植物或潮湿的地表面，这些微粒布满植物表面，影响光合作用，导致植物死苗、黄叶、烂叶或落花落果。石膏粉末分解释放的有害物质对长期户外作业的人群健康也产生不良影响，体质弱者甚至可发生并发症导致死亡。

（5）赤泥的危害。赤泥中还含有镭、钍、钾等放射性微量元素，一般内外照白指数均在 2.0 以上，属于危险固体废物，对环境有放射性污染。同时赤泥中因含有大量的强碱性化学物质，浸出液的 pH 值为 12.1～13.0，即使稀释 10 倍后，pH 值仍为 11.25～11.50。一般认为碱含量为 30～400mg/L 是公共水源的适合范围，而赤泥附液的碱度高达 26348mg/L。如此高碱度的污水渗入地下或排进地表水，使水体 pH 值升高，产生水中化合物的毒性，造成的水污染非常严重。有的国家把赤泥排入海中，因含有碱等有害物质而污染海洋，危害渔业生产。极高的碱性还使赤泥对生物和金属、硅质材料等产生强烈的腐蚀。

（6）冶炼废渣的危害。冶炼渣的危害与污染治理长期以来一直是国际性难题，而最严重的就是由于冶炼渣中的重金属进入生态环境导致的污染。国内外对冶炼渣重金属复合污染进行研究表明，重金属离子通过物理、化学、生物等作用，极易向周边迁移扩散，进入土壤、水体、植物中，从而严重破坏周边的生态环境。其次是渣场固体废物中可能含有危险固体废弃物，此类废物的贮存或长期堆存，不仅占用大量土地，而且会造成对水体和大气的严重污染，以致发生毒性有机物污染。上海、北京、石家庄、贵阳、重庆、徐州等城市的地下水，已受到了冶炼渣处置场的污染。一般有色金属冶炼厂附近的土壤里，铅、铜、锌含量为正常土壤中含量的几倍甚至几十倍，这些有毒物质通过土壤进入地下水体。

（7）电石渣的危害。电石渣是电石水解反应的副产物，含有大量的$Ca(OH)_2$，呈强烈的碱性，并且含有较多的硫化物及其他微量杂质。虽然电石渣浆是副产物，但是在数量上却远远超过产物 PVC 树脂，电石渣堆放填埋处理不但占用大量土地，而且极易造成堆放场地附近的水污染、土壤碱化及粉尘和大气污染。

1.4 大宗工业固体废物综合利用的意义

"十二五"以来，在党中央、国务院的正确领导下，在各部门的积极支持下，通过全系统上下的共同努力，我国大宗工业固体废物综合利用取得了长足发展，综合利用量逐年增加，综合利用技术水平不断提高，综合利用产品产值、利润均得到较大提升，取得了较好的经济效益、环境效益和社会效益，为节约资源、保护环境、保障安全、促进工业经济发展方式转变做出了重要贡献。

一是综合利用规模稳步扩大。各类大宗工业固体废物综合利用量和综合利用率均有显著提高，其中尾矿、工业副产石膏、赤泥的综合利用率快速增长，冶炼渣和工业副产石膏综合利用率大幅提高，大宗工业固体废物综合利用开始走上了规模化发展道路。

二是技术装备水平有所提高。开发了一批用量大、成本低、经济效益好的综合利用技术与装备。高铝粉煤灰提取氧化铝多联产技术、磷石膏生产硫酸联产水泥技术、尾矿生产加气混凝土技术等多项技术获得国家发明专利授权；尾矿高强结构材料技术、拜耳法赤泥深度选铁技术等一批重大共性关键技术已在中间试验、工业试验或实际工程上取得重大突破；一批综合利用先进适用技术得到推广应用，高压立磨等部分大型成套设备制造实现国产化，并达到国际先进水平。

三是综合利用效益显著。大宗工业固体废物综合利用已经成为企业调整发展思路、改善环境面貌、减少矿山资源开采、增加就业机会和培育新的经济增长点的重要途径，更是煤炭、钢铁、矿产资源等行业发展接续产业的重点。

大宗工业固体废物中还存在许多回收有用的再生资源，包括有可回收的黑色金属、有色金属和稀有金属等。通过对这些资源的回收利用，不仅可以减少对环境的破坏，还能创造出可观的经济效益，而且还能节省治理大宗工业固体废物对环境破坏产生的费用。

2 大宗工业固体废物现状

2.1 我国大宗工业固体废物的产量现状

我国大宗工业固废的分布主要集中在中西部地区。河北、辽宁、山西、山东、内蒙古、河南、江西、云南、四川和安徽等十个省的大宗工业固废产生量占全国大宗工业固废产生量的60%以上，其中的山西、内蒙古、四川等资源丰富的省份和西部经济欠发达地区，煤炭资源和火电厂较为集中，大宗工业固废的产量尤其高。"十一五"期间，我国大宗工业固体废物产生量快速攀升，总产生量180亿吨，堆存量净增82亿吨，总堆存量达到190亿吨。2012年，我国工业固体废物产生量高达32.9亿吨，是2000年的8.2亿吨的4倍，其中尾矿11亿吨、赤泥5300万吨、磷石膏7000万吨。"十二五"期间，随着我国工业化持续推进，大宗工业固废产生量也随之增加，总产生量达150亿吨，堆存量净增80亿吨，总堆存量达到270亿吨，大宗工业固体废物堆存新增占用土地40万亩。

2013年，一般工业固体废物产生量较大的省份为河北省4.3亿吨，占全国工业企业固体废物产生量的13.2%；山西省3.1亿吨，占9.3%；辽宁省2.7亿吨，占8%。全国有7个省份的工业固体废物综合利用量超过1亿吨，较大的省份为山西2.0亿吨，主要为煤矸石，占全省工业企业综合利用量的44.7%；河北1.8亿吨，主要为冶炼废渣，占全省工业企业的40.1%；山东1.7亿吨，主要为粉煤灰、冶炼废渣和尾矿，占全省工业企业的55.5%；辽宁1.2亿吨，主要为尾矿、冶炼废渣和粉煤灰，占全省工业企业的53.2%；河南1.2亿吨，主要为粉煤灰和煤矸石，占全省工业企业的51.1%；江苏1.1亿吨，主要为冶炼废渣、粉煤灰和炉渣，占全省工业企业的75.7%；安徽1.0亿吨，主要为煤矸石、粉煤灰和尾矿，占全省工业企业的61.8%。这7个省份的一般工业固体废物综合利用量占全国工业企业的48.8%。一般工业固体废物综合利用率较大的省份为天津、上海、江苏、浙江和山东，均高于90.2%；内蒙古自治区2.0亿吨，占6.1%；山东省1.8亿吨，占5.5%。

2.1.1 尾矿的污染现状

随着现代工业化生产的迅速发展和新开矿山数量的陆续增加，尾矿的排放、堆积量也越来越大。目前，我国在运转的矿物原料约50亿吨。世界各国每年采出的金属矿、非金属矿、煤、黏土等在100亿吨以上，排出的废石及尾矿量约50

亿吨，以有色金属矿山累计堆存的尾矿为例，美国达到 80 亿吨，苏联为 41 亿立方米。在我国，全国现有大大小小的尾矿库 400 多个，全部金属矿山堆存的尾矿则达到 50 亿吨以上，而且以每年产出 5 亿吨的速度增加。

根据 2010～2012 年全国有色金属矿山采矿量数据，全国有色金属矿山采矿量分别为 2.67 亿、2.85 亿、3.60 亿吨，3 年合计 9.12 亿吨。其中，铜系统采矿量分别为 0.93 亿、1.02 亿、1.58 亿吨，3 年合计 3.53 亿吨，占全国有色金属采矿量的 38.71%；铅锌系统采矿量分别为 0.43 亿、0.44 亿、0.53 亿吨，3 年合计 1.40 亿吨，占全国有色金属采矿量的 15.35%。铜、铅锌系统合占全国有色金属采矿量的 54.06%，因此，有色金属尾矿以铜、铅锌尾矿为研究对象。

据相关数据显示（表 2-1），2010～2014 年我国尾矿产生量呈上升趋势，2010 年产生量为 13.93 亿吨，2014 年产生量 16.52 亿吨，相比 2010 年增长 18.37%。其中 2013 年铁尾矿 8.39 亿吨，铜尾矿 3.19 亿吨，黄金尾矿 2.14 亿吨，其他有色及稀贵金属尾矿 1.38 亿吨，非金属矿尾矿 1.39 亿吨。尾矿综合利用量为 3.12 亿吨，同比增长 7.96%，综合利用率为 18.9%。截止到 2013 年底，我国尾矿累积堆存量达 146 亿吨，废石堆存量达 438 亿吨。

表 2-1　2010～2014 年我国尾矿产生量

年份	2010	2011	2012	2013	2014
产生量/亿吨	13.93	15.81	16.21	16.49	16.52
同比增长/%		13.5	2.5	1.73	0.1

尾矿已成为我国目前产出量最大、综合利用率最低的大宗固体废弃物之一，累积堆存 100 亿吨以上，年产出量达到 12 亿吨，占全世界尾矿产出量的 50% 以上。与粉煤灰、煤矸石等大宗工业固体废弃物相比，尾矿的综合利用技术更复杂、难度更大。目前，我国工业固体废弃物中煤矸石达到了 62.5%，粉煤灰达到了 67%，而尾矿的综合利用率只有 13.3%。

2.1.2　粉煤灰的污染现状

我国 2010～2015 年粉煤灰产量如表 2-2 所示。我国 2010 年粉煤灰年产量为 4.80 亿吨，2015 年粉煤灰产量为 6.2 亿吨，增长了 29.2%，除 2014 年表现为负增长以外，其余年份皆表现为正增长。我国粉煤灰综合利用工作，长期以来一直受到国家的重视。早在 20 世纪 50 年代已开始在建筑工程中作混凝土、砂浆的掺和料，在建筑工业中用来生产砖，在道路工程中作路面基层材料等，尤其在水电建设大坝工程中使用最多；60 年代开始，粉煤灰利用重点转向墙体材料，研制生产粉煤灰密实砌块、墙板、粉煤灰烧结陶粒和粉煤灰黏土烧结砖等；70 年代，国家为建材工业利用粉煤灰投资不少，而利用问题没有解决好；到 80 年代，国家把资源综合利用作为经济建设的一项重大经济技术政策，使粉煤灰综合利用得到了蓬勃的发展。1990 年粉煤灰排放量为 6700 万吨，利用量为 1900 万吨，利用率为 28.3%；1995 年排放量为 9936 万吨，利用量为 4145 万吨，利用率已达42%；2000 年排放量为 1.2 亿万吨，利用量为 7000 万吨，利用率为 58%。粉煤灰的排放量、利用率呈同步增长，尤其上海近几年来粉煤灰利用率 100%，为全国之首。

表 2-2　2010～2015 年我国粉煤灰产量

年份	2010	2011	2012	2013	2014	2015
产生量/亿吨	4.80	4.96	5.70	5.80	5.78	6.2
同比增长/%		3.3	14.9	1.7	−0.3	7.2

2.1.3　煤矸石的污染现状

表 2-3 为 2010～2015 年我国煤矸石年产量，除去 2014 年呈负增长，其余年份均为上升趋势。2010 年年产量为 5.94 亿吨，2015 年，我国煤矸石产生量约 8亿吨，较 2010 年增长约 34.6%。其中 2013 年煤矸石综合利用量 4.8 亿吨，同比增长 7.6%。煤矸石综合利用率为 64%。煤矸石、煤泥等综合利用发电机组总装机容量达 3000 万千瓦，发电量超过 1600 亿千瓦时，年利用煤矸石、煤泥量 1.5亿吨，占利用总量的 32%；生产建材产品利用煤矸石 5600 万吨，占利用总量的12%；用于填坑筑路、土地复垦和塌陷区回填等途径的煤矸石量达 2.6 亿吨，占利用总量的 56%。

表 2-3　2010～2015 年我国煤矸石产量

年份	2010	2011	2012	2013	2014	2015
产生量/亿吨	5.94	6.59	6.97	7.5	7.37	8
同比增长/%	—	10.9	5.7	7.6	−0.017	8.5

据统计，目前全国历年累计堆放的煤矸石量约 55 亿吨，其中规模较大的矸石山多达 1600 座，已占用土地约 1.5 万公顷，而且堆积量还以每年 1.5～2.0 亿吨的速度增加。煤矸石也是一种自然资源，在建材、化工、冶金和轻工等领域有着广泛的应用。因此，科学、合理地利用煤矸石，可产生良好的经济效益、社会效益和环境效益。

2.1.4　工业副产石膏的污染现状

2013 年，我国工业副产石膏产生量 1.84 亿吨，其中磷石膏 7000 万吨，脱硫石膏 7550 万吨，其他工业副产石膏 3808 万吨。工业副产石膏年综合利用量 8830

万吨，综合利用率达到 48.1%。同比增长 9.4%。其中磷石膏、脱硫石膏综合利用率分别达到 27% 和 72%。

我国是世界第一大磷石膏产生国。磷石膏是以磷矿石、硫酸为原料，用硫酸酸解磷矿萃取磷酸时所得到的工业固体废物。每制取 1t 磷酸（100% P_2O_5），约产生 4~5t 磷石膏。磷石膏的主要成分是二水硫酸钙，此外，还含有少量未分解的磷矿粉，未洗涤干净的磷酸、磷酸铁、磷酸铝和氟硅酸盐等杂质。随着高浓度磷复肥产量的增加、低品位磷矿用量越来越多，必然导致磷石膏产生量越来越大。

"十一五"时期，在国家产业政策的支持以及受农业需求旺盛的拉动下，我国磷肥工业发展迅速，磷石膏的排放量也逐年增加。"十一五"期间磷石膏累计排放量约为 2.47 亿吨，排放增长率约为 55%。2010~2015 年我国共排放磷石膏 4.94 亿吨，2011~2013 年磷石膏的排放量保持相对稳定，年排放量基本维持在 6800~7000 万吨，2014 年和 2015 年我国磷石膏排放出现较大增长，同比分别增长约 30.3% 和 33.13%，达到 7600 万吨和 8000 万吨（表 2-4）。据中国有色金属工业年鉴报道，我国大量的磷石膏未能有效利用，大型磷化工企业主要分布在西南地区，因此，磷石膏排放量主要集中在西南地区，华东、华南、华北地区也有少量排放。

表 2-4　2010~2015 年我国磷石膏产生量及利用量

年份	2010	2011	2012	2013	2014	2015
产生量/万吨	6200	6800	7000	7000	7600	8000
同比增长/%	—	19.67	2.94	0	18.57	5.26
利用量/万吨	1260	1600	1700	1900	2300	2650
综合利用率/%	20.3	23.5	24.3	27.1	30.3	33.13

2009 年，我国工业副产石膏产生量约 1.18 亿吨，综合利用率仅为 38%。2014 年我国磷石膏综合利用量已达到 2300 万吨，综合利用率为 30.3%，提前实现"十二五"磷石膏年综合利用率 30% 的目标。目前工业副产石膏累积堆存量已超过 3 亿吨，其中，脱硫石膏 5000 万吨以上，磷石膏 2 亿吨以上。工业副产石膏大量堆存，既占用土地，又浪费资源，含有的酸性及其他有害物质容易对周边环境造成污染。已经成为制约我国燃煤机组烟气脱硫和磷肥企业可持续发展的重要因素。工业副产石膏经过适当处理，完全可以替代天然石膏。当前，工业副产石膏综合利用主要有两个途径：一是用作水泥缓（调）凝剂，约占工业副产石膏综合利用量的 70%；二是生产石膏建材制品，包括纸面石膏板、石膏砌块、石膏空心条板、干混砂浆、石膏砖等。

近年来，尽管我国工业副产石膏的利用途径不断拓宽、规模不断扩大、技术水平不断提高，但随着工业副产石膏产生量的逐年增大，综合利用仍存在一些问题。一是区域之间不平衡。受地域资源禀赋和经济发展水平影响，不同地区工业副产石膏产生、堆存及综合利用情况差异较大。北京、河北、珠三角及长三角等地区脱硫石膏产生量小、综合利用率高；而山西、内蒙古等燃煤电厂集中的地区脱硫石膏产生量大、综合利用率较低。我国磷矿资源主要集中在云南、贵州、四川、湖北、安徽等地区，决定了我国磷肥工业布局及磷石膏的产生、堆存主要集中在这些地区。受运输半径影响，磷石膏综合利用长期处于较低水平。使用量大的地区供不应求，而产生量集中的地区却大量堆存。二是工业副产石膏品质不稳定。由于我国部分燃煤电厂除尘脱硫装置运行效率不高，加之电煤的来源不固定。导致脱硫石膏品质不稳定；由于磷矿资源不同，导致磷石膏含有不同的杂质，品质差异较大。因此石膏制品企业更愿意使用品质稳定的天然石膏。同时，由于当前我国天然石膏开采成本（包括资源成本和开采成本）较低，也不利于工业副产石膏替代天然石膏。三是标准体系不完善。一方面缺乏用于生产不同建材的工业副产石膏标准，不利于工业副产石膏在不同建材领域的应用。另一方面缺乏工业副产石膏综合利用产品相关标准，只能参照其他同类标准，市场认可度低，造成工业副产石膏难以被大规模利用。四是缺乏共性关键技术。由于缺乏先进的在线质量控制技术、低成本预处理技术及大规模、高附加值利用关键共性技术，制约了工业副产石膏综合利用产业发展。现有的一些成熟的先进适用技术，如副产石膏生产纸面石膏板、石膏砖、石膏砌块、水泥缓凝剂技术等，在部分地区也没有得到很好的推广应用。

2.1.5　赤泥的污染现状

　　赤泥的产出量，因矿石品位、生产方法、技术水平而异。据估计，全世界氧化铝工业每年产生的赤泥超过9000万吨。近年来，我国各地氧化铝产业急速发展，2010年氧化铝产量约2906.49万吨，2015年达到5898.90万吨，而每生产1t氧化铝，附带产生0.8～1.5t赤泥。2010年我国赤泥排放量达3000万吨，2015年达4500万～5000万吨，累计赤泥堆积量已达几亿吨为世界之最。目前，世界上赤泥的利用率为15%左右，而我国利用率远低于这个水平。我国是世界上最大的氧化铝生产国和消费国。"十一五"期间，我国氧化铝产量年均增长率高达27.5%，2015年氧化铝产量达5898.90万吨，约占世界总产量的46.7%（表2-5）。目前，全国共有氧化铝生产企业40多家，受铝土矿分布的影响，主要分布在河南、山西、广西、贵州、重庆和云南等7个省（市、自治区）。

　　根据氧化铝生产方法的不同，赤泥可以分为拜耳法赤泥、烧结法赤泥和联合法赤泥。据《赤泥综合利用指导意见》报道，由于近几年我国新增产能均为拜耳法氧化铝，拜耳法赤泥占据我国赤泥的主导地位，累计产生量约1.5亿吨。

表 2-5 2010~2015 年我国氧化铝产生量

年份	2010	2011	2012	2013	2014	2015
产生量/万吨	2906.49	3407.76	3769.63	4460	4777	5898.90
同比增长/%	22.16	17.25	10.62	18.3	7.1	23.4

由于我国铝土矿资源禀赋差，高硅、低铝硅比特点使得我国氧化铝综合回收率一直不高，再加上铝工业的快速发展，目前我国优质铝土矿资源短缺形势已愈发严重。随着铝土矿资源的日益短缺，吨铝赤泥产生量将大幅攀升。目前每生产 1t 氧化铝，附带产生 0.8~1.5t 赤泥。随着氧化铝产量的逐年递增，必然导致赤泥产生量的逐年快速递增。全国 2010~2015 年赤泥生产量统计结果见表 2-6。2010~2015 年间，我国赤泥生产量约为 3.13 亿吨。2015 年，我国赤泥生产量达到了 7668 万吨，比 2010 年增长了 156.26%。

表 2-6 2010~2015 年我国赤泥产生量

年份	2010	2011	2012	2013	2014	2015
产生量/万吨	3000	4260	5300	5352	5732.4	7668
同比增长/%	5.12	42.00	24.41	0.98	7.1	33.7

2.1.6 冶炼废渣的污染现状

冶炼废渣主要包括钢铁行业冶炼渣和有色金属行业冶炼渣。我国 2010~2014 年钢铁行业冶炼渣产量如表 2-7 所示，2010 年，我国钢铁行业冶炼废渣产生量约 2.82 亿吨，2014 年为 4.2 亿吨，较 2010 年增长 48.9%。我国 2010~2015 年有色金属行业冶炼金属（10 种）产量如表 2-8 所示，产量始终呈上升趋势，2010 年产量为 3134 万吨，到 2015 年为 5155.8 万吨，较 2010 年增长 64.5%，可以推断我国有色金属行业冶炼废渣也呈增长趋势。

表 2-7 2010~2014 年我国钢铁行业冶炼渣产量

年份	2010	2011	2012	2013	2014
产生量/亿吨	2.82	3.04	3.14	4.16	4.2
同比增长/%	—	7.8	3.2	32.4	0.9

表 2-8 2010~2015 年我国有色行业冶炼金属（10 种）产量

年份	2010	2011	2012	2013	2014	2015
产生量/万吨	3134	3488	3696	4029	4417	5155.8
同比增长/%	—	11.2	5.9	9.0	9.6	16.7

我国的铜渣主要为火法熔炼渣，每年产出 150 万吨以上，目前累计达 2500

多万吨，此外还有相当数量的转炉渣和湿法炼铜浸出渣。我国铜资源目前的保有储量 7048 万吨，已开发 4100 万吨，其余尚未利用的储量中，富矿少、贫矿多，原矿品位低、难采难选，建设条件和开发效益差，回收利用困难。相反，铜冶炼产生的冶炼渣中 Cu、Fe 等金属含量却较高，如大冶有色金属公司的诺兰达渣的铜含量达到的 4.57%，铁含量高达 46%。

不同的锰矿石产生的废渣量不同，使用国产碳酸锰矿石生产 1t 电解锰大约产生 8t 锰渣，且锰矿石品质越低，渣量越大。2014 年电解锰生产产生的渣量达 800 万吨。锰渣不仅有极大的资源浪费，同时对人体与环境有较大的危害，因此对锰渣的资源化利用有非常重要的实际意义。

国外锰的冶炼主要采取破碎矿粉还原焙烧法，其中具有代表性的工艺有：美国矿山局研究所电解金属锰生产工艺流程、Foote Minerals Co. 电解金属锰生产工艺流程、Elexetror Metallurgical Co. 生产工艺流程和日本中央电工（CDK）电解金属锰生产工艺流程。还原焙烧后锰的一次浸取率可达到 95%，所以锰渣尾矿附液回收得到高度重视。其中日本 CDK 采用全自动压滤机、南非与美国采用浓密机，对尾矿进行洗涤以回收附液。生产厂家对锰尾矿进行洗涤，一方面减少损失，降低成本；二是有利于环境保护；三是有利于废渣的再利用。国外电解金属锰生产厂由于采用高品位的 MnO_2 矿为原料（Si、Fe、Ca、Mg 含量低），因此渣量很少。分析表明，电解锰废渣中的主要成分为 Si、Ca、Mn 等。在美国和日本等发达国家，电解锰废渣都是在与消石灰混合被固化处理后，掩埋在处理场。其后美国和日本等国从节约能源和保护环境的角度出发，靠市场和行政手段关停了电解锰相关企业。

国家"十一五"发展规划中指出，钢渣的综合利用率应达 86% 以上，基本实现"零排放"。然而，中国目前综合利用的现状与该规划相差甚远，尤其是素有"劣质水泥熟料"之称的转炉钢渣的利用率仅为 10% ~ 20%。国内钢铁企业产生的钢渣不能及时处理，致使大量钢渣占用土地，污染环境。2014 年，我国粗钢产量 8.2 亿吨，钢渣产量约为 0.82 亿 ~ 1.2 亿吨，目前约有 70% 的钢渣处于堆存和填埋状态。

2.2　大宗工业固体废物的管理现状

为贯彻落实科学发展观，全面推进我国大宗工业固体废物综合利用工作，提高综合利用水平，根据《国民经济和社会发展第十二个五年规划纲要》的总体战略部署，落实国务院发展节能环保等战略性新兴产业和工业转型升级的具体要求，按照构建资源节约型、环境友好型工业体系的工作思路，制定《大宗工业固体废物综合利用"十二五"规划》。主要包括尾矿、煤矸石、粉煤灰、冶炼渣、工业副产石膏、赤泥规划等。

到 2015 年，大宗工业固体废物综合利用量达到 16 亿吨，综合利用率达到 50%，年产值 5000 亿元，提供就业岗位 250 万个。"十二五"期间，大宗工业固体废物综合利用量达到 70 亿吨，减少土地占用 35 万公顷，有效缓解生态环境的恶化趋势。本规划涵盖的六种大宗工业固体废物是工业固体废物的一部分，且占较大比重，合理确定大宗工业固体废物综合利用率的目标，对落实、细化、完成《工业转型升级规划（2011～2015 年）》中"工业固体废物综合利用率 72%"的指标将起决定性的作用。

2.2.1 尾矿的管理现状

为深入贯彻落实科学发展观，大力发展循环经济，提高资源综合利用率，解决金属尾矿大量堆存带来的资源、环境、土地等方面的影响和问题，工业和信息化部、科技部、国土资源部、国家安全监管总局等有关部门组织编制了《金属尾矿综合利用专项规划（2010～2015）》。

《金属尾矿综合利用专项规划（2010～2015）》的重点项目：（1）尾矿中有价金属及其他高值组分的回收。分别在铁尾矿、有色金属尾矿和黄金尾矿综合利用的项目中选择一批技术成熟或基本成熟，工艺装备先进、管理水平高、产品市场前景好、在区域可持续发展中具有带动作用并有大范围推广价值的尾矿再选有价金属及其他高值组分的项目。重点规划建设 30～40 个项目，总投资约 100 亿元。（2）尾矿整体利用生产建筑材料。选择有较好技术基础、经济效益较好、实力强的特大型企业并与大型科研机构和高等院校建立产业联盟，解决整体利用尾矿生产建筑材料的共性关键技术问题并进行工程示范及推广应用。重点规划建设 130～150 个项目，总投资约 180 亿元。（3）尾矿充填采空区及露天矿坑。选择具有较好技术基础的矿山分别在地下采空区非胶结充填、露天矿坑回填和胶结充填采矿三个方面进行工程示范，使充填成本不断下降，充填效率和质量不断提高。重点规划建设 150～180 个项目，总投资约 150 亿元。（4）尾矿的农用。选择在尾矿农用方面已经有较好基础的实验室成果和大田试验成果，在逐步扩大试验面积的基础上对各种农作物生长数据，土壤性能数据和环境生态效应数据进行深入调研和系统总结。在此基础上进行各种因素相互作用和相互影响的机理研究，提出系统的理论，并进一步扩大范围，逐步推广。重点规划建设 15～20 个项目，总投资约 10 亿元。（5）尾矿库复垦。分别在铁矿山、黄金矿山和有色金属矿山具有典型尾矿成分特征和区域特征的尾矿库中选择具有较好绿化复垦基础的尾矿库作为示范项目，进行系统的植物学、土壤学以及综合生态学研究，提出进一步改进绿化复垦的具体措施，逐步推广。重点规划建设 200～300 个项目，总投资约 100 亿元。全部规划重点项目约 500～700 个，总投资约 540 亿元。

2.2.2　粉煤灰的管理现状

为规范和引导粉煤灰综合利用行为。促进粉煤灰综合利用健康发展，中华人民共和国国家发展和改革委员会、中华人民共和国科学技术部、中华人民共和国工业和信息化部、中华人民共和国财政部、中华人民共和国国土资源部、中华人民共和国环境保护部、中华人民共和国住房和城乡建设部、中华人民共和国交通运输部、国家税务总局、国家质量监督检验检疫总局第 19 号对《粉煤灰综合利用管理办法》进行了修订，现予发布自 2013 年 3 月 1 日起施行。组织开展粉煤灰清洁高效利用关键技术、设备的研发与产业化示范。推动粉煤灰在建筑、建材、化工等更多领域的广泛应用。产灰单位须按照《中华人民共和国固体废物污染环境防治法》和环境保护部门有关规定申报登记粉煤灰产生、贮存、流向、利用和处置等情况。同时报同级资源综合利用主管部门备案。地市级环境保护部门、资源综合利用主管部门负责统计和掌握本地区粉煤灰产生、贮存、流向、利用、处置等数据信息。

各省（区、市）环境保护部门和资源综合利用主管部门应于每年 6 月底前，将本地区上年度统计数据报环境保护部和国家发展改革委。新建和扩建燃煤电厂项目可行性研究报告和项目申请报告中须提出粉煤灰综合利用方案，明确粉煤灰综合利用途径和处置方式。综合利用方案中涉及粉煤灰存储、装运的设施和装备以及产灰单位自行建设粉煤灰综合利用工程的要与主体工程同时设计、同时施工、同时建成。综合利用方案中涉及为其他单位提供粉煤灰的用灰单位应符合国家产业政策且具备相应的处理能力。新建电厂应综合考虑周边粉煤灰利用能力以及节约土地、防止环境污染避免建设永久性粉煤灰堆场（库）确需建设的，原则上占地规模按不超过 3 年储灰量设计，且粉煤灰堆场（库）选址、设计、建设及运行管理应当符合《一般工业固体废物贮存、处置场污染控制标准》（GB 18599—2001）等相关要求。产灰单位灰渣处理工艺系统应按照干湿分排、粗细分排、灰渣分排的原则进行分类收集。并配备相应储灰设施。已投运的电厂要改造、完善粉煤灰储、装、运系统，包括加工分选、磨细和灰场综合治理等设施。产灰单位既有湿排灰堆场（库），应制订粉煤灰综合利用专项方案和污染防治专项方案。并报所在地市级资源综合利用主管部门和环境保护部门备案。新建电厂应以便于利用为原则不得湿排粉煤灰。堆场（库）中的粉煤灰应按环境保护部门有关规定严格管理。在堆场（库）提取粉煤灰，产灰单位应与用灰单位签订取灰安全及环保协议，产灰单位应对用灰单位从指定地点装运未经加工的粉煤灰（包括从湿排灰堆场（库）取灰点、电厂储装运设施中取原灰）提供装载方便，并维护灰场和生产现场的安全。粉煤灰运输须使用专用封闭罐车，并严格遵守环境保护等有关部门规定和要求，避免二次污染。粉煤灰建材产品和利用粉煤灰或制品建造的道路、港口、桥涵、大坝及其他建筑工程，必须符合国家或行业的有关质量标准。质量技术监督部门和工程质量管理部门应依法监督管理。

2.2.3 煤矸石的管理现状

环发〔2005〕109号《矿山生态环境保护与污染防治技术政策》提出2010年应达到煤矸石的利用率达到55%以上的阶段性目标，2015年应达到煤矸石的利用率在2010年基础上提高5%的阶段性目标。《煤炭工业十二五规划》明确提出到2015年煤矸石综合利用率要达到75%。煤矸石发电节约8500万吨标准煤，煤矸石和粉煤灰制建材节约1000万吨标准煤。大力发展循环经济，在大中型矿区内，以煤矸石发电为龙头，利用矿井水等资源，发展电力、建材、化工等资源综合利用产业，建设煤－焦－电－建材、煤－电－化－建材等多种模式的循环经济园区。扩大煤矸石井下充填、复垦和筑路利用量。在大型选煤厂周边地区建设洗矸、煤泥和中煤综合利用电厂，新增装机容量5000万千瓦。2015年，煤矸石综合利用量6.1亿吨，其中，电厂利用3亿吨，煤矸石制建材利用1亿吨，煤矸石井下充填、复垦和筑路利用2.1亿吨以上。国家发改委《加快煤炭行业结构调整、应对产能过剩的指导意见》中"煤矸石和煤泥利用率达到75%以上"的要求。《清洁生产标准　煤炭采选业》（HJ 446—2008）规定清洁生产三级标准应满足当年产生的煤矸石综合利用率不小于70%，相应的二级标准和一级标准分别是不小于75%和80%。

国家发展改革委等10个部门联合发布了《煤矸石综合利用管理办法（2014年修订版）》，自2015年3月1日起施行。1998年原国家经贸委等八部门联合发布的《煤矸石综合利用管理办法》（国经贸资〔1998〕80号）同时废止。《办法》提出，煤矸石综合利用应当坚持减少排放和扩大利用相结合，实行就近利用、分类利用、大宗利用、高附加值利用，提升技术水平，实现经济效益、社会效益和环境效益有机统一，加强全过程管理，提高煤矸石利用量和利用率。据了解，国家发改委会同科技部、工信部、财政部、国土资源部、环保部、住房和城乡建设部、国家税务总局、国家质检总局、国家安监总局、国家能源局、国家煤监局等负责起草、拟订、发布煤矸石综合利用相关规划等，并在各自职责范围内开展煤矸石综合利用管理工作。按照《办法》要求，对未提供煤矸石综合利用方案的煤炭开发项目，有关主管部门不得予以核准。新建（改扩建）煤矿及选煤厂应节约土地、防止环境污染，禁止建设永久性煤矸石堆放场（库）。煤矸石发电项目应当按照国家有关部门低热值煤发电项目规定进行规划建设，煤矸石使用量不低于入炉燃料的60%（质量比），且收到基低位发热量不低于5.02MJ/kg。违反《办法》相关条例造成安全事故的，由安监部门依据有关规定进行处罚。

2.2.4 工业副产石膏的管理现状

工业和信息化部关于工业副产石膏综合利用的指导意见工信部〔2011〕73号指出到2015年底，磷石膏综合利用率由2009年底的20%提高到40%；脱硫石膏综合利用率由2009年的56%提高到80%；攻克一批具有自主知识产权的重大关键共性技术；建成一批大规模、高附加值利用的产业化示范项目；形成较为完整的工业副产石膏综合利用产品标准体系；引导工业副产石膏综合利用企业向多途径、大规模、高附加值综合利用方向发展。

工业副产石膏综合利用重点任务：

（1）加快先进适用技术推广应用鼓励大掺量利用工业副产石膏技术产业化，包括纸面石膏板、石膏基干混砂浆、石膏砌块、石膏砖等。大力推进工业副产石膏用作水泥缓凝剂，鼓励工业副产石膏产生企业对石膏进行预加工。支持改造现有水泥生产喂料系统，推进水泥生产直接利用原状散料工业副产石膏。加快工业副产石膏生产胶凝材料产业化。包括粉刷石膏、腻子石膏、模具石膏和高强石膏粉等。加快磷石膏制硫酸铵技术推广应用。

（2）大力推进先进产能建设重点鼓励符合以下条件的工业副产石膏综合利用项目建设，包括：全部使用工业副产石膏作为原料，单线能力在3000万平方米及以上的纸面石膏板生产线项目，单线能力在30万平方米及以上的石膏砌块生产线建设或者改造项目，单线能力在10万吨及以上的粉刷石膏、粘接石膏等石膏混建材生产线建设或者改造项目，单线生产能力在5万吨及以上的高强石膏粉生产线建设项目，单线生产能力在100万吨及以上的建筑石膏粉生产线建设项目；采用经济适用的化学法处理磷石膏，生产其他产品（如硫酸联产水泥、硫酸铵、硫酸钾副产氯化铵等）的建设项目；采用磷石膏作为主要填充材料的井下采空区充填项目。

（3）加快推进集约经营模式根据工业副产石膏分布和堆存情况结合工业副产石膏综合利用示范企业和基地建设试点工作，通过政策引导，培育一批工业副产石膏综合利用骨干企业。鼓励专业性的工业副产石膏综合利用企业通过兼并重组等措施，形成工业副产石膏综合利用集约化生产模式。促进建材生产企业与工业副产石膏产生企业合作，重点扶持消除工业副产石膏能力强、潜力大、见效快的项目，形成若干个在国际上具有市场竞争力的产品品牌和企业品牌。

（4）加强关键共性技术研发研发脱硫石膏质量在线监测技术和低成本在线调整技术，改进、优化操作工艺，提高脱硫石膏品质的稳定性；加快利用余热余压对工业副产石膏进行烘干、煅烧的先进工艺及大型成套装备的科技攻关；开发超高强石膏粉、石膏晶须、预铸式玻璃纤维增强石膏成型品、高档模具石膏粉等高附加值产品生产技术及装备；开发低能耗磷石膏制硫酸联产水泥、制硫酸钾副产氯化铵等技术；开发低成本、高性能、环保型磷石膏净化技术；加快研发磷石膏转化法生产硫酸钾技术工艺；研发利用低品质磷石膏生产低成本高性能的矿井充填专用胶凝材料；开发利用工业副产石膏改良土壤的关键技术。

2.2.5 赤泥的管理现状

2010 年，工业和信息化部、科技部联合编制出台了《赤泥综合利用指导意见》，以提高赤泥综合利用率和综合利用技术水平，促进赤泥综合利用工作。该指导意见指出，到 2015 年，力争赤泥综合利用率达到 20%。为此，需要推广应用一批先进适用技术，包括赤泥提取有价金属、配料生产水泥、建筑用砖、矿山胶结充填胶凝材料、路基固结材料和高性能混凝土掺合料、化学结合陶瓷（CBC）复合材料、保温耐火材料、环保材料等；建成一批具有带动效应的应用示范和推广示范项目，例如拜耳法赤泥旋流分级综合利用工程、赤泥胶结充填料用于矿山充填工程、拜耳法高铁赤泥砂作为干法水泥生产的铁质原料项目、赤泥制备新型燃煤脱硫剂项目、拜耳法高铁赤泥选铁项目和赤泥制各工业窑炉用耐火保温材料项目；创建两三个具有一定规模的赤泥综合利用示范基地，形成多途径、高附加值赤泥综合利用发展格局。另外，针对部分赤泥综合利用产品，由于缺乏相应的国家标准或者行业标准支撑，只能参照同类其他产品标准，造成产品市场认可度低、应用受到限制和难以大规模推广应用等问题，工业和信息化部先后编制出台了《赤泥中精选高铁砂技术规范》（YS/T 787—2012）、《赤泥粉煤灰耐火隔热砖》（YS/T 786—2012）等标准规范。目前，我国赤泥的综合利用方式主要为用于生产水泥和墙体材料、做路基材料、拜耳法赤泥选铁和分砂、烧结法赤泥制备新型脱硫剂等。根据本研究调研结果，中国铝业山东分公司、广西分公司、贵州分公司、山西分公司等企业赤泥综合利用取得了较好的效果。需要指出的是，虽然在国家系列鼓励资源综合利用政策引导下，近几年我国赤泥综合利用取得了明显成效，但从总体上看国内并未实现赤泥的大规模应用。究其原因，主要包括综合利用技术成本高、工艺复杂、经济效益较差，特别是缺乏大量消纳赤泥和具有产业竞争力的关键技术，以及产品市场认可度低和相关优惠政策执行力度不够等。

2.2.6 冶炼废渣的管理现状

2013 年 9 月国务院颁布了《大气污染防治行动计划》，到 2017 年，全国地级及以上城市可吸入颗粒物浓度比 2012 年下降 10% 以上，优良天数逐年提高；京津冀、长三角、珠三角等区域细颗物浓度分别下降 25%、20%、15% 左右，其中北京市细颗粒物年均浓度控制在 $60\mu g/m^3$ 左右。2015 年 1 月 1 日实施的新《环保法》中对钢铁企业钢渣粉尘排放也制定了详细标准。钢渣处理粉尘排放浓

度限值由原来的 $120mg/m^3$ 变为 $100mg/m^3$。综上可知，我国对钢渣处理行业的污染物排放要求越来越高，一些传统的、污染比较严重的钢渣处理方法必将面临改造升级。

2.3　大宗工业固体废物的管理体系

固体废物兼具资源和废物的双重属性，预防和控制环境污染，应从资源和环境的角度综合考虑。如果在现有经济技术条件下，固体废物中的有价物质具有回收利用价值，应首先提取有价物质；如果在现有经济技术条件下暂时不具有提取价值，但经测算将来技术进步后有价物质具有回收利用价值，应将固体废物按照现行法律法规、标准规范要求妥善堆存起来，以备将来利用；如果经测算后固体废物中的有价物质不具有提取价值，应大力促进其综合利用和大量消纳，例如制作建筑材料等；如果不具有提取价值的固体废物暂时不能综合利用，应将其按照现行法律法规、标准规范要求妥善堆存起来。

固体废物主要有两种利用处置途径，即综合利用和贮存。因此，建立的大宗固体废物污染预防与控制综合管理指标体系也分为综合利用指标体系、贮存场所指标体系两个部分。

2.3.1　综合管理指标体系框架

2.3.1.1　综合利用

依据构建指标体系的理论依据和指导原则，经过系统分析认为环境管理体系和综合利用全过程污染防治体系是最为重要的两个大类。因此，大宗固体废物综合利用综合管理指标体系的基本框架是由"环境管理体系—综合利用全过程污染防治体系"2个子系统和"目标层—准则层—指标层"3个层次构成。具体如表2-9和图2-1所示。

表 2-9　大宗固体废物综合利用综合管理指标体系框架

A 目标层	B 准则层	C 指标层	评 价 依 据
综合利用综合管理水平指数 A1	环境管理体系 B1	环境管理机制指标 C11	企业内部设有环境管理机构；配备专业环境保护管理人员，定期组织培训并考核；建立企业污染防治责任体系；建立公众参与制度，接受公众监督
		环境管理制度 C12	执行国家环境管理制度，制定内部环境管理制度，严格执行；建立环境管理数据记录和保存制度
		工业固体废物废物管理程序 C13	建立工业固体废物接收/退还、检测分析、利用过程、中间产物、残留废物利用处置管理程序

续表 2-9

A 目标层	B 准则层	C 指标层	评 价 依 据
综合利用综合管理水平指数 A1	环境管理体系 B1	应急预案 C14	建立环境应急机构，配备环境应急人员； 制定环境应急预案，预案具备有效性和可操作性，识别各种风险，提出应对措施； 配备各项应急物资和设施，定期检查贮存情况； 组织实施和演练应急预案； 发生事故时，执行应急预案情况
	综合利用全过程污染防治体系 B2	生产技术和设备 C21	选用先进合理的综合利用技术与装备，符合清洁生产要求
		污染防治设施 C22	配备污染防治设施，污染防治设施按规程操作、检查和维护，设施运行及维修记录齐全； 委托第三方运营，被委托方应具备资质并签订有书面协议或者合同
		能源和资源消耗 C23	单位产品水消耗量，与使用天然原料的情况对比； 单位产品电消耗量，与使用天然原料的情况对比； 单位产品能源消耗量，与使用天然原料的情况对比； 单位产品其他原料消耗量，与使用天然原料的情况对比； 工业固体废物利用率，产排污系数； 水循环利用率
		综合利用产物 C24	综合利用产品品质，产品合格率； 开展综合利用过程或者产品环境与健康风险评价，防范"二次污染"
		检测/监测 C25	明确污染物排放节点； 按标准要求开展采样检测/监测工作； 环境监测记录齐全并保存完整
		污染物达标排放 C26	废水循环利用或者稳定达标排放，符合相关国家或行业标准； 废气（粉尘）稳定达标排放，符合相关国家或行业标准； 工业固体废物临时贮存设施防渗，临时贮存设施遮盖，防止雨水进入； 综合利用或者妥善处置残留工业固体废物； 生产过程噪声达标

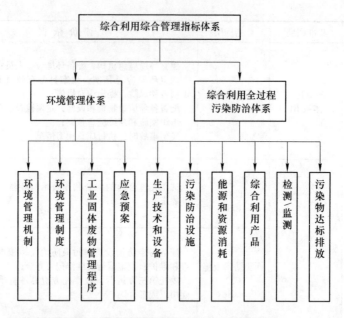

图 2-1　综合利用综合管理指标体系框架图

　　环境管理体系涵盖四个方面的内容：一是工业固体废物综合利用环境管理机制建设，涉及环境管理机构设置、人员配备和培训，以及污染防治责任体系建立等；二是制定废物管理程序，入场工业固体废物具有废物属性，应设置合理地综合利用管理程序；三是不符合要求废物的退回程序；四是环境应急预案，企业应设置环境应急机构、编制应急预案、配备应急物资和设施、组织演练和实施环境应急预案。建立环境管理体系是开展综合管理的基础。

　　综合利用全过程污染防治体系主要反映以下五个方面的内容：一是综合利用技术和生产设备的先进水平；二是污染防治设施的配备和维护情况；三是综合利用过程的资源能源消耗；四是综合利用过程资源能源消耗和综合利用产品及残留废物产生情况；五是按标准要求开展检测工作情况。开展工业固体废物综合利用全过程环境管理，旨在防止工业固体废物污染环境，实现污染物的达标排放或者妥善的利用处置。

2.3.1.2　贮存场所

　　依据构建指标体系的理论依据和指导原则，经过系统分析认为环境管理体系、贮存场所全生命周期污染防治体系是最为重要的两个大类。因此，工业固体废物贮存场所综合管理指标体系的基本框架是由"环境管理体系—贮存场所全生命周期污染防治体系" 2 个子系统和"目标层—准则层—指标层" 3 个层次构成。具体如表 2-10 和图 2-2 所示。

表 2-10　大宗固体废物贮存场所综合管理指标体系框架

A 目标层	B 准则层	C 指标层	评 价 依 据
贮存场所环境管理水平指数 A2	环境管理体系 B1	环境管理机制 C11	设立专门的贮存场所环境管理机构； 配备专业环境管理人员，定期组织培训并考核； 建立污染防治责任体系； 建立公众参与制度，接受公众监督
		环境管理制度 C12	执行国家环境保护制度，制定贮存场所环境管理制度，严格执行； 建立贮存场所运行管理台账，包括运行计划、运行记录、观测记录、隐患排查记录及其处理结果等
		废物管理程序 C13	建立入场工业固体废物接收/退还、检验、输送、堆放等的管理程序
		应急预案 C14	建立环境应急机构，配备环境应急人员； 制定环境应急预案并备案，预案具备有效性和可操作性； 配备各项应急物资和设施，并定期查看； 组织实施和演练应急预案； 发生事故时，执行应急预案情况
	贮存场所全生命周期污染防治体系 B2	规划设计 C21	贮存场所类型符合贮存固废特性及相应分类标准； 贮存场所选址和卫生防护距离符合符合环评文件及审批意见的要求，综合考虑当地地质地貌、环境风险、工业固体废物污染特性； 堆存方式符合当地地质地形条件、水文地理条件等； 建设规模、环保防渗达到标准规范要求； 根据堆存工业固体废物特性和使用性能要求，选用符合要求的防渗材料； 设置合理的污染防治目标； 按标准设置地下水、渗滤液和大气监测系统和处理系统、渗滤液收集系统和处理设施，以及初期坝、截排洪系统、地下水导排系统等； 有涵洞经过的，渗滤液应单独收集处理； 运行阶段会产生排放废气的，设置气体导排系统； 按照标准要求设置贮存场所警示标识、马道和防止外来人畜进入的防护设施
		施工建设 C22	编制施工组织设计方案，开展水文地质勘查和稳定性评价； 按照相关标准规范、设计要求处理基础层和施工建设，委托具有相应资质的单位开展环境监测，保证施工质量； 防渗工程所用材料应进行现场验收，防渗系统施工单位应具有相应的特种防渗工程施工资质，开展防渗工程施工质量检测，确保防渗层施工达到环保防渗要求； 采取必要的废水、粉尘和噪声污染防治措施，剥离表土单独堆放和保存； 按照国家相关法律法规、标准规范进行环保验收，建设、设计、施工、工程监理、环境监理、环境影响评价文件编制、检测等单位应共同参与； 前期环境影响评价审批手续齐全，"三同时"验收合格，落实验收提出的意见

续表 2-10

A 目标层	B 准则层	C 指标层	评 价 依 据
贮存场所环境管理水平指数 A2	贮存场所全生命周期污染防治体系 B2	运行 C23	制定贮存场所运行环境管理制度并执行； 采取有效的污染防治措施，例如洒水、种植植物等； 使用封闭式运输机或运输车，或者进行了防渗、防腐处理的管道输送工业固体废物； 应加强污染防治设施的运行维护，排查环境污染隐患
		封场 C24	履行封场设计、评价和竣工验收等手续； 事先采取必要的污染防治措施，表面覆土防止固体废物直接暴露和雨水渗入堆体； 建立地表水和雨水导排系统，保持渗滤液收集系统设施完好和有效运行； 设置标志物，注明封场时间及土地使用的注意事项
		回采 C25	履行回采相关程序和审批手续； 编制回采方案，开展环境影响评价； 按照回采方案进行工程实施； 建立回采环保管理档案
		复垦 C26	履行土地复垦相关程序和审批手续； 编制复垦方案，合理确定覆土层厚度，不应复耕即作为建设用地，生态修复应与周围土地利用方式及景观相协调，不应使用外来物种和深根系植物，所种植物根系应不会对封场土工膜造成损害； 按照土地复垦方案进行工程实施，生态修复过程不应对生态环境造成"二次污染"和破坏
		检测/监测 C27	按标准要求开展渗滤液、地下水、大气监测； 环境监测记录齐全并保存完整
		污染物达标排放 C28	废水稳定达标排放或回用； 废气（粉尘）稳定达标排放； 周边地下水达标

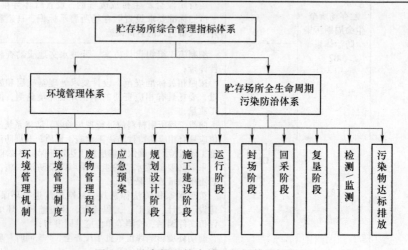

图 2-2　贮存场所综合管理指标体系框架图

环境管理体系涵盖几个方面的内容：一是工业固体废物贮存场所管理机制建设，涉及环境管理机构设置、人员配备和污染防治责任体系建立等；二是制定贮存废物管理程序，应制定合理地废物入场管理程序、不符合要求废物退回程序等；三是环境应急预案，贮存场所环境应设置环境应急机构、编制应急预案、配备相应应急物资和设施，并组织演练和实施环境应急预案。建立贮存场所环境管理体系是开展贮存场所综合管理的基础。

贮存场所全生命周期污染防治体系主要反映贮存场所规划设计、施工建设、运行、封场、回采、复垦各阶段的环境管理要求，以及按标准要求开展贮存场所监测工作和污染物达标排放的情况。对贮存场所全生命周期开展污染防治，对于避免或者减少贮存场所的环境污染风险十分重要。

2.3.2 各层次间的相互关系

目标层：反映各个子系统相互之间关系的协调发展程度，通常用一个综合指标表达。在本框架中这个综合指标是"大宗固体废物综合管理水平指标"，具体按照综合利用过程和贮存场所分为"综合利用综合管理水平指标"和"贮存场所综合管理水平指标"。

准则层：由反映目标层的系统化指标构成。为了达到目标层反映的预防与控制大宗固体废物污染的目的，分别由相对应的指标组成，在本框架中起着对大量有关信息进行分类和综合集成的作用，以形成一个有明确意义的分类指标。

指标层：用于反映各准则层的具体内容，主要由各项单项指标来体现。

2.3.3 综合管理评价指标

2.3.3.1 综合利用

（1）环境管理体系。

1）环境管理机制指标（C11）主要反映综合利用企业内部环境管理机构设立、环境保护管理人员配备及其开展定期组织培训并考核，以及建立污染防治责任体系和公众参与制度，接受公众监督的情况。

2）运行管理制度指标（C12）主要反映综合利用企业执行环境影响评价等国家环境管理制度、制定企业内部环境管理制度及执行的情况，以及环境管理数据记录和保存制度建设情况等。

3）废物管理程序指标（C13）主要反映工业固体废物接收/退还、检测分析、装卸、残留废物利用处置程序建设情况。工业固体废物不同一般的生产原料，必须建立严格的管理程序，避免发生环境污染。

4）应急预案指标（C14）主要反映综合利用企业设置环境应急机构建设，编制应急预案、配备相应应急物资和设施并定期查看，以及组织实施和演练应急预案的情况。

（2）综合利用全过程污染防治体系。

1）生产技术和设备指标（C21）主要反映综合利用技术和装备的先进性和合理性，以及综合利用企业按要求开展清洁生产审核的情况等。

2）污染防治设施指标（C22）主要反映综合利用企业针对可能产生的污染物配备污染防治设施并进行维护的情况，或者委托第三方处理产生的污染物时，被委托方的资质和签订书面委托协议的情况。

3）能源和资源消耗指标（C23）主要反映与使用天然原料的情况相比，综合利用工业固体废物的单位产品水消耗量、电消耗量、能源消耗量、其他原料消耗量，综合利用过程水循环利用率，以及工业固体废物的资源利用率。

4）综合利用产物指标（C24）主要反映工业固体废物综合利用产品的品质或者符合相关产品标准的情况，残留工业固体废物的产生情况，以及为防范综合利用产品"二次污染"开展环境与健康风险评价的情况。

5）检测/监测指标（C25）主要反映各种污染物排放节点的掌握情况，按照相关标准要求开展采样检测/监测情况，以及环境监测记录及其保存完整性等。

6）污染物达标排放指标（C26）主要反映企业可能产生的废水、废气（粉尘）、工业固体废物废物和噪声等的利用处置和达标排放情况。

2.3.3.2　贮存场所

（1）环境管理体系。

1）环境管理机制指标（C11）主要反映贮存场所环境管理机构设立、环境保护管理人员配备及定期组织培训并考核，以及建立污染防治责任体系和公众参与制度，接受公众监督的情况。

2）运行管理制度指标（C12）主要反映贮存场所执行"三同时"验收制度等国家环境管理制度、制定内部环境管理制度及执行情况，以及建立贮存场所运行管理台账，制定运行管理计划，以及保存运行记录、环境污染隐患排查及其处理结果记录等的情况。

3）废物管理程序指标（C13）主要反映入场工业固体废物接收/退还、检测、输送、堆放等管理程序的建设情况。

4）应急预案指标（C14）主要反映工业固体废物贮存场所设置环境应急机构建设、编制应急预案、配备相应应急物资和设施及定期查看，以及组织演练和实施的情况。

（2）贮存场所全生命周期污染防治体系。

1）规划设计指标（C21）主要反映贮存场所规划设计阶段，采取措施预防贮存场所环境污染的情况。具体包括：贮存场所的类型是否与所贮存工业固体废物相符合；贮存场所选址符合国家标准和其他特殊要求，例如当地地质地貌及环境风险；卫生防护距离符合环评文件及审批意见的要求；建设规模符合相关标准规范要求；堆存方式综合考虑了当地地质地形条件、水文地理条件等；环保防渗达到标准规范要求；根据堆存工业固体废物特性，选用符合要求的防渗材料，例如耐酸或者耐碱腐蚀；防渗材料的使用性能，例如耐磨性；设置满足污染防治要求的地下水、渗滤液和大气监测系统；建有渗滤液收集系统和处理设施；周边设置截洪沟、导流渠；有涵洞经过的，渗滤液单独收集处理；按照标准要求设置贮存场所警示标识等。

2）施工建设指标（C22）主要反映贮存场所施工建设阶段，采取措施预防贮存场所环境污染的情况。具体包括：开展地质勘查和稳定性评价；按照相关标准规范和设计要求施工建设，保证施工过程质量；防渗层施工达到环保防渗要求；按照国家相关法律法规、标准规范进行环保验收；"三同时"验收合格，认真落实验收提出的意见。

3）运行指标（C23）主要反映贮存场所运行阶段，采取措施预防贮存场所环境污染的情况。具体包括：制定贮存场所运行环境管理制度并执行；污染防治设施运行维护，排查环境污染隐患；设置合理的污染防治目标，采取有效的防治措施。

4）封场指标（C24）主要反映贮存场所封场阶段，采取措施预防贮存场所环境污染的情况。具体包括：履行封场设计、评价和竣工验收等相关手续；表面覆土，防止固体废物直接暴露和雨水渗入堆体；设置标志物，注明封场时间及土地使用的注意事项。

5）回采指标（C25）主要反映在贮存场所运行过程中或者封场后，进行工业固体废物回采采取环境污染污染预防措施的情况。具体包括：履行回采相关程序和审批手续，编制回采方案并开展环境影响评价；建立回采环保管理档案。

6）复垦指标（C26）主要反映贮存场所复垦阶段，采取措施预防贮存场所环境污染的情况。具体包括：履行复垦相关管理程序和审批手续，编制土地复垦方案等，并按照土地复垦方案进行工程实施。

7）检测/监测指标（C27）主要反映按照相关标准要求开展渗滤液、地下水和大气采样检测/监测情况，以及环境监测记录及其保存完整性等。

8）污染物达标排放指标（C28）主要反映贮存场所渗滤液、地下水和大气的回用和达标排放情况。

2.3.4 大宗固体废物污染预防与控制综合管理评价表

为了使建立的"大宗固体废物污染预防与控制综合管理指标体系"具有可操作性，能够成为环境保护部门的有力助手，实现帮助环境保护主管部门指导地方工作、提升工业企业综合管理水平的目的，制定了"大宗固体废物综合利用污染预防与控制综合管理评价表"和"大宗固体废物贮存场所污染预防与控制综合管理评价表"，具体如表2-11 表2-12 所示。

综合利用企业名称：　　　　　　　　　　　　　　　　　　　地址：

表2-11　大宗固体废物综合利用污染预防与控制综合管理评价表

子系统	指标	评价内容	评价方法要点	评价结果 合格	评价结果 不合格
1. 环境管理体系	1.1 环境管理机制	1.1.1 企业内部应设有环境管理机构	查看环境管理机构建设情况；现场检查		
		1.1.2 配备专职环境管理人员，定期组织培训并考核	查看培训合格证（暂时未取得的应由省级环境保护主管部门出具培训说明，并于6个月内安排培训）；现场询问管理人员		
		1.1.3 建立企业污染防治责任体系	查看企业污染防治责任制度；现场检查		*
		1.1.4 建立公众参与制度，接受公众监督	查看公众参与制度及相关信息记录，包括污染物排放监测信息公布记录；现场检查		
	1.2 环境管理制度	1.2.1 执行国家环境管理制度，制定内部环境管理制度，并严格执行	查看建设项目环境影响评价文件及其批复，项目竣工环境保护验收批准文件；查看企业环境管理制度；现场检查		*
		1.2.2 建立环境管理数据记录和保存制度	查看环境管理数据记录簿和记录保存制度		
	1.3 废物管理程序	1.3.1 建立工业固体废物接收退还、检测分析、利用过程、中间产物、残留废物利用和处置的管理程序	查看工业固体废物环境管理程序和相应管理制度；现场查看工业固体废物综合利用产品的堆存、利用过程及残留废物的利用处置情况		
	1.4 环境应急预案	1.4.1 建立环境应急机构，配备环境应急人员	查看应急机构建设情况；现场询问环境应急人员		*
		1.4.2 制定环境应急预案并备案，预案具备有效性和可操作性，识别各种风险，提出应对措施	查看环境应急预案；所在地环境保护行政主管部门备案的证明文件		*

续表 2-11

子系统	指标	评价内容	评价方法要点	评价结果 合格	评价结果 不合格
1. 环境管理体系	1.4 环境应急预案	1.4.3 配备各项应急物资和设施，定期查看	查看物资和设备购置发票等原始凭证；查看定期检查记录；现场检查	*	
		1.4.4 组织实施和演练应急预案	查看应急预案演练记录，包括演练方式和频次等，以及相关培训记录；现场检查	*	
		1.4.5 发生事故时，严格执行应急预案	查看事故应急记录；现场检查	*	
2. 综合利用污染全过程污染防治体系	2.1 生产技术和设备	2.1.1 选用先进合理的综合利用技术与装备　经所在地省级环境保护行政主管部门确定应当实施清洁生产审核的企业，应符合清洁生产要求	查看建设项目环境影响评价文件及其批复、项目竣工环境保护验收批准文件；设备购置合同、设备清单；现场检查　查看综合利用企业所在地省级环境保护主管部门公布的清洁生产审核名单、清洁生产审核有关证明文件等相关资料	*	
	2.2 污染防治设施	2.2.1 配备污染防治设施；污染防治设施按规程规范操作，检查和维护；设施运行及维修记录齐全　委托第三方处理处置的，被委托方应具备相应资质并签订有书面协议	查看建设项目环境影响评价文件及其批复、项目竣工环境保护验收批准文件；检查和维护记录；现场检查　委托处理处置的，查看委托协议和被委托方污染处置能力的证明文件和环境保护主管部门意见	*	
	2.3 能源和资源消耗	2.3.1 单位产品水消耗量，与使用天然原料的情况对比	查看水消耗计量装置记录和企业经营记簿，以及单位产品水消耗情况说明；现场检查		
		2.3.2 单位产品电消耗量，与使用天然原料的情况对比	查看电消耗计量装置记录和企业经营记簿，以及单位产品电消耗情况说明；现场检查	*	

续表 2-11

子系统	指标	评价内容	评价方法要点	评价结果	
				合格	不合格
2. 综合利用全过程污染防治体系	2.3 能源和资源消耗	2.3.3 单位产品能源消耗量，与使用天然原料的情况对比	查看能源使用记录和企业经营记簿，以及单位产品消耗情况说明；现场检查		
		2.3.4 单位产品其他原料消耗量，与使用天然原料生产产品其他原料消耗情况对比	查看其他原料购买、使用记录和企业经营记录簿，以及单位产品其他原料消耗情况说明；现场检查		
		2.3.5 工业固体废物利用率、系数	查看建设项目环境影响评价文件及其批复，现场检查		
		2.3.6 水循环利用率	查看水消耗情况说明，以及水循环利用情况说明；现场检查		
	2.4 综合利用产物	2.4.1 综合利用产品品质，产品合格率	查看经营记录簿、产品合格率检测记录及产品品质检测的原始凭证，如销售发票、纳税申报表等；现场检查		
		2.4.2 开展综合利用过程或者产品环境与健康风险评价，防范"二次污染"	查看产品环境与健康风险评价报告；现场检查		
	2.5 检测/监测	2.5.1 明确各种污染物的排放节点	查看建设项目环境影响评价文件及其批复，项目竣工环境保护验收批准文件；现场检查		
		2.5.2 按标准要求开展采样检测/监测工作	查看建设项目环境影响评价文件及其批复，项目竣工环境保护验收批准文件；查看环境监督性监测报告或者委托监测报告和1年内监督性监测报告		
		2.5.3 环境监测记录齐全并保存完整	查看环境监测制度和1年内监督性监测报告或者委托性检测报告		

续表 2-11

子系统	指标	评价内容	评价方法要点	评价结果	
				合格	不合格
2. 综合利用全过程污染防治体系	2.6 污染物达标排放	2.6.1 废水循环利用或者稳定达标排放，符合相关国家或行业标准	查看建设项目环境影响评价文件及其批复，项目竣工环境保护验收批准文件；查看1年内监督性监测报告或者委托检测报告；现场检查		*
		2.6.2 废气（粉尘）稳定达标排放，符合相关国家或行业标准	查看建设项目环境影响评价文件及其批复，项目竣工环境保护验收批准文件；查看1年内监督性监测报告或者委托检测报告；现场检查		*
		2.6.3 工业固体废物临时贮存设施防渗；临时贮存设施遮盖，防止雨水进入	查看建设项目环境影响评价文件及其批复，项目竣工环境保护验收批准文件；现场检查		*
		2.6.4 综合利用或者妥善处置残留工业固体废物	查看建设项目环境影响评价文件，现场检查，项目竣工环境保护验收批准文件，查看利用处置的，查看利用处置能力的，委托处置的无害化利用处置第三方应具有相应的利用处置能力证明文件和环境保护部门的意见；查看被委托方经营记录簿		*
		2.6.5 生产过程噪声达标	查看建设项目环境影响评价文件及其批复，项目竣工环境保护验收批准文件；查看1年内监督性监测报告或者委托检测报告；现场检查		*

注：1. 带 * 项目有1个不合格或者不带 * 项目不合格数量大于5个，评价结果为差；
    2. 不带 * 项目不合格数量大于2个，不大于5个，评价结果为良；
    3. 不带 * 项目不合格数量不大于2个，评价结果为优；
    4. 贮存场所未达到目的阶段不进行评价，例如运行阶段的贮存场所，回采阶段进行评价。贮存场所未达到运行阶段的贮存场所，不对其封场。

表 2-12　大宗固体废物贮存场所污染预防与控制综合管理评价表

子系统	指标	评价内容	评价方法要点	评价结果 合格	评价结果 不合格
1. 环境管理体系	1.1 环境管理机制	1.1.1 设立专门的贮存场所环境管理机构	查看贮存场所施工建设阶段、运行阶段环境管理机构建设情况；现场检查		
		1.1.2 配备专业环境管理人员，定期组织培训并考核	查看培训合格证（暂时未取得的应由省级环境保护主管部门出具培训说明，并于6个月内安排培训）；现场询问管理人员		
		1.1.3 建立污染防治责任体系	查看贮存场所企业污染防治责任制度	*	
		1.1.4 建立公众参与制度，接受公众监督	查看公众参与制度及相关信息记录，包括渗滤液、地下水、大气监测信息公布记录；现场检查		
	1.2 环境管理制度	1.2.1 执行国家环境保护制度，制定贮存场所环境管理制度，严格执行	查看建设项目环境影响评价文件及其批复，项目竣工环境保护验收批准文件；现场检查	*	
		1.2.2 建立贮存场所运行管理台账，包括运行计划、运行记录、环境污染隐患排查及其处理结果记录等	查看运行管理台账；现场检查		
	1.3 工业固体废物管理程序	1.3.1 建立入场工业固体废物接收、退还、检验、输送、堆放等的管理程序	查看入场废物环境管理程序和相应管理制度；现场查看废物接收退还、检验、输送和堆放情况		
	1.4 环境应急预案	1.4.1 建立环境应急机构，配备环境应急人员	查看应急机构建设和管理制度；现场询问环境应急人员		

续表 2-12

子系统	指 标	评 价 内 容	评价方法要点	评价结果 合格	评价结果 不合格
1. 环境管理体系	1.4 环境应急预案	1.4.2 制定环境应急预案并备案，预案具备有效性和可操作性	查看贮存场所突发环境事故应急预案；所在地环境保护行政主管部门备案的证明文件；现场检查		*
		1.4.3 配备相应应急物资和设施，并定期查看	查看物资等的购置发票等原始凭证；查看相关检查记录；现场检查		
		1.4.4 组织实施和演练应急预案	查看环境应急管理制度，应急预案演练记录，包括演练方式和预案次等，以及相关培训记录		*
		1.4.5 发生事故时，执行应急预案情况	查看事故应急记录；现场检查		*
2. 贮存场所体系	2.1 规划设计	2.1.1 贮存场所类型符合贮存固废特性及相应标准要求	查看建设项目环境影响评价文件及其批复；项目竣工环境保护验收报告；现场检查		*
		2.1.2 贮存场所选址和卫生防护距离符合环境影响评价报告及其批复的要求	查看建设项目环境影响评价文件及其批复，项目竣工环境保护验收报告；现场检查		*
		2.1.3 堆存方式符合当地地质地形条件，水文地理条件等	查看建设项目环境影响评价文件及其批复；现场检查		*
		2.1.4 建设规模，环保防渗符合相关标准规范要求	查看建设项目环境影响评价文件及其批复，项目竣工环境保护验收准文件；现场检查		*
		2.1.5 根据堆存工业固体物特性和使用性能要求，选用符合要求的防渗材料	查看建设项目环境影响评价文件及其批复，项目竣工环境保护验收准文件；现场检查		*

续表 2-12

子系统	指标	评价内容	评价方法要点	评价结果	
				合格	不合格
2. 贮存场所体系	2.1 规划设计	2.1.6 设置合理的污染防治目标	查看建设项目环境影响评价文件及其批复，项目竣工环境保护验收批准文件；现场检查		
		2.1.7 按标准要求设置地下水、渗滤液监测系统和处理系统，以及初期坝、截排洪系统，地下水导排系统、调节池、事故池等构筑物；渗滤液单独经过的有涵洞经过的，渗滤液单独收集处理。运行期会产生排放气体的，应设置气体导排系统	查看建设项目环境影响评价文件及其批复，项目竣工环境保护验收批准文件；现场检查		*
		2.1.8 按标准要求设置贮存场所警示标识、马道和防止外来人畜进入的防护设施	现场检查		*
	2.2 施工建设	2.2.1 编制施工组织设计方案，开展水文地质勘查和稳定性评价	查看施工组织设计方案，水文地质勘查和稳定性评价报告		
		2.2.2 按照相关施工标准规范、设计要求进行建设，委托具有相应资质的单位开展环境监理，保证施工质量	查看项目竣工环境保护验收批准文件；现场检查		*
		2.2.3 防渗工程所用材料应进行现场验收，防渗系统施工应由具有相应的特种防渗施工资质，开展防渗工程施工质量检测，确保防渗层施工达到环保防渗要求	查看项目竣工环境保护验收批准文件；现场检查		

续表 2-12

子系统	指标	评价内容	评价方法要点	评价结果 合格	评价结果 不合格
	2.2 施工建设	2.2.4 采取必要的废水、粉尘和噪声污染防治措施，剥离表土单独堆放和保存	查看建设项目环境影响评价文件及其批复，项目竣工环境保护验收批准文件；现场检查		*
		2.2.5 按照国家相关法律法规、标准规范进行环保验收，建设、设计、施工、工程监理、环境影响评价文件编制、监测等单位应共同参与	查看项目竣工环境保护验收批准文件；现场检查		*
		2.2.6 前期环境影响评价审批手续齐全，落实验收提出的意见，"三同时"验收合格	查看建设项目环境影响评价文件及其批复，查看项目竣工环境保护验收批准文件；现场检查		*
2. 贮存场所体系	2.3 运行	2.3.1 制定贮存场所运行环境管理制度并执行	查看贮存场所入场废物管理制度，运行情况和台账制度；现场检查		*
		2.3.2 采取有效的污染防治措施，例如洒水、种植植物，或者进行了防渗、防腐处理的管道输送工业固体废物	查看建设项目环境影响评价文件及其批复，项目竣工环境保护验收批准文件；现场检查		*
		2.3.3 污染防治设施运行维护，包括渗滤液、工艺水集排水和处置设施等，排查环境污染隐患	查看环保设施运行规程、维护记录和环境污染隐患排查记录；现场检查		*
	2.4 封场	2.4.1 履行封场设计、评价和竣工验收等相关手续	所在地县级以上环境保护行政主管部门验收和批准的证明文件；现场检查		*

续表 2-12

子系统	指标	评价内容	评价方法要点	评价结果	
				合格	不合格
2. 贮存场所体系	2.4 封场	2.4.2 事先采取必要的污染防治措施；表面覆土，防止固体废物直接暴露和雨水渗入堆体	现场检查		*
		2.4.3 建立地表水和雨水导排系统，保持渗滤液收集系统完好和有效运行	现场检查		*
		2.4.4 设置标志物，注明封场时间及土地使用的注意事项	现场检查		*
	2.5 回采	2.5.1 履行回采相关程序和审批手续	所在地地、市环境保护行政主管部门批准的证明文件，以及省级环境保护行政主管部门备案的证明文件；现场检查		*
		2.5.2 编制回采方案，开展环境影响评价	查看回采方案和环境影响评价文件		
		2.5.3 按照回采方案进行工程实施	查看回采方案		
		2.5.4 建立回采保护管理档案	查看环境保护管理档案；现场检查		
	2.6 复垦	2.6.1 履行土地复垦相关程序和审批手续	所在地地、市环境保护行政主管部门批准的证明文件，以及省级环境保护行政主管部门备案的证明文件；现场检查		*
		2.6.2 编制土地复垦方案并获得国土资源主管部门的批准，合理确定覆土层厚度，不应复耕及作为建设用地，生态修复应与周围土地利用方式及景观相协调，不应使用外来物种和深根系植物，所种植物根系应不会对封场土工膜造成损害	查看土地复垦方案及国土资源主管部门批准证明文件；现场检查		

续表 2-12

子系统	指 标	评 价 内 容	评价方法要点	评价结果	
				合格	不合格
	2.6 复垦	2.6.3 按照土地复垦方案进行工程实施，生态修复过程不应对生态环境造成"二次污染"和破坏	查看土地复垦方案及国土资源主管部门批准证明文件；现场检查		*
	2.7 监测	2.7.1 按标准要求开展渗滤液、地下水、大气监测	查看建设项目环境影响评价文件及其批复，项目竣工环境保护验收批准文件；查看环境监测制度和1年内监督性监测报告或者委托检测报告；现场检查		*
		2.7.2 环境监测记录齐全并保存完整	查看环境监测制度和1年内监督性监测报告或者委托检测报告		*
2. 贮存场所体系	2.8 污染物达标排放	2.8.1 废水回用或稳定达标排放	查看环境监测制度和1年内监督性监测报告；现场检查		*
		2.8.2 废气（粉尘）稳定达标排放	查看环境监测制度和1年内监督性监测报告或者委托检测报告；现场检查		*
		2.8.3 周边地下水达标	查看环境监测制度和1年内监督性监测报告或者委托检测报告；现场检查		*

注：1. 带*项目有1个不合格或者不带*项目不合格数量大于5个，评价结果为差；
2. 不带*项目不合格数量大于2个，不大于5个，评价结果为良；
3. 不带*项目不合格数量不大于2个，评价结果为优；
4. 贮存场所未达到的阶段不进行评价，例如运行阶段的贮存场所，不对其封场、回采阶段进行评价。

3 大宗工业固体废物的分类与特征

大宗工业固体废弃物根据来源以及产生过程可以分为尾矿、煤矸石、粉煤灰、冶炼渣、工业副产石膏、赤泥和电石渣等。

3.1 尾矿的分类与特征

尾矿是矿石经粉碎、选矿形成精矿后的剩余部分，它的主要成分是非金属矿物，常含有黄铁矿、毒砂等非矿石矿物，也含有很少的金属组分和选矿药剂。我国尾矿资源种类多、数量大，仅金属矿山的尾矿堆存量已超过 60 亿吨，并以每年约 3 亿吨的速度增加，综合利用率只有 10% 左右。

3.1.1 尾矿的分类

由于尾矿种类多样、组分复杂，含有硫、氧、硅、铝、铁、钙、镁、钠、钾、钛、锰、磷、氢等常见元素，因此不同尾矿的可利用性也不尽相同，所以为了更好地开发，需要对尾矿进行分类，系统、科学地认识各类尾矿的共性和特性，有利于对尾矿的深入认识和利用。然而，由于对尾矿分类的角度不同，存在不同的分类方法。

同一种矿石也因矿体赋存性质和选矿方法有很大差异，根据尾矿的基本物理特性将其分为 4 类（表 3-1）。

（1）软岩尾矿。主要由页岩型矿石产生的，包括细煤废渣、天然碱不溶物等。这些尾矿中尽管包含一定数量的砂质颗粒，但尾矿泥的黏土性质从总体上显著地影响尾矿的物理性质和状态。

（2）硬岩尾矿。主要包括铅－锌、铜、金－银、钼、镍、钴、锡、钨、铬、钛等类型矿石。尾矿以砂质颗粒为主，虽然尾矿泥占很大比例，但因源于破碎的母岩而非黏土，故在总体上不能对尾矿性态起到控制性的影响。

（3）细尾矿。其含很少或不含砂质颗粒，包括磷酸盐黏土、铝土矿红泥、铁细尾矿、沥青砂尾矿中的矿泥，这些矿泥的形态起着支配作用，它们需要非常长的时间沉淀和固结，极为软弱，可能需要很大的库容。

（4）粗尾矿。从总体上讲，这些尾矿的特性由相应粗砂颗粒所决定，就石膏尾矿而论，则由无塑性粉砂所决定，这种类型尾矿包括沥青砂的粗粒尾矿、铀矿、石膏、粗铁尾矿和磷酸盐砂尾矿。

表 3-1 尾矿的分类（根据物理性质）

类别	尾矿	一般特性
软岩尾矿	细粉废渣、天然碱不溶物、钾	包含砂和粉砂纸矿泥，但因粉砂质矿泥中黏土的存在，可能控制总体性质
硬岩尾矿	铅－锌、铜、金－银、铝、镍（硫化物）	可包含砂和粉砂质矿泥常为低塑性或无塑性，砂通常控制工程的总体性质
细尾矿	磷酸盐黏土、铝土矿红泥、铁细尾矿、沥青矿尾矿泥	一般很少或无砂粒级，尾矿的形态，特别是沉淀—固结特性受粉砂级或黏土级颗粒控制，可能造成排放容积问题
粗尾矿	沥青砂尾矿、铀尾矿、铁粗尾矿、磷酸盐砂、石膏尾矿	主要为砂或无塑性粉砂级颗粒，显示出似砂性态及有利于工程的特性

根据化学成分的不同，将尾矿分为以下 7 大类：

（1）高硅型 $SiO_2 > 80\%$；

（2）钙镁质型 $CaO + MgO > 30\%$、$SiO_2 > 30\%$；

（3）铝硅质型 $Al_2O_3 > 15\%$、$SiO_2 > 60\%$；

（4）铁硅质型 $Fe_2O_3 + FeO > 20\%$、$SiO_2 > 60\%$；

（5）碱铝硅质型 $K_2O + Na_2O > 10\%$、$Al_2O_3 > 10\%$、$SiO_2 > 60\%$；

（6）钙铝硅质型 $CaO > 10\%$、$Al_2O_3 > 10\%$、$SiO_2 > 40\%$；

（7）复合成分型 $SiO_2 = 40\% \sim 60\%$。

根据尾矿中主要矿物的组合搭配情况，可将尾矿分为如下 8 种岩石化学类型。

（1）镁铁硅酸盐性尾矿。其主要矿物组成是 $Mg[SiO_4] - Fe_2[SiO_4]$，Si 以 $[SiO_4]$ 四面体形式组成岛状、链状、层状硅酸盐骨干，形成系列橄榄石和系列辉石，以及它们的诸如蛇纹石、硅镁石、蒙脱石、凹凸棒石、海泡石、滑石、绿泥石和镁铁闪石等含水蚀变矿物。除部分钛以类质同象形式进入辉石晶格外，主要形成钛铁矿；少量的铝此时主要以 $[AlO_6]$ 六面体形式取代铁和镁，并共同组成硅酸盐矿物，锰有时也可取代部分铁；钙主要组成少量的斜长石；钠、钾含量很少；一般磷以磷灰石的形式存在；氢在蚀变矿物中以 $[OH]^-$ 以及 $[H_3O]^+$ 进入矿物晶格。该类尾矿一般产于超基性和一些偏基性岩浆岩、火山岩、镁铁质变质岩以及镁矽卡岩中的矿石。在外生矿床中，富镁矿物集中时，可形成蒙脱石、海泡石和凸棒石型尾矿，其化学组成特点是富镁、富铁，贫钙，贫铝，而且一般镁大于铁，没有石英。

（2）长英岩型尾矿。硅不仅与钙、钠、钾、铝组成碱性长石以及与铁、锰、镁形成云母等层状硅酸盐矿物，而且还形成独立的二氧化硅，因此该类尾矿主要由钾长石、石英、酸性斜长石及其触变矿物（如绢云母、白云母、高岭石、绿泥石和方解石等）组成。它通常产于花岗岩自变质型矿床，花岗伟晶岩矿床，与酸性侵入岩和次火山岩有关的高、中、低温热液矿床，酸性火山岩和火山凝灰岩自蚀变型矿床，酸性盐和长石砂岩变质岩型矿床，风化残积型矿床，长英砂及硅质页岩型沉积矿床的矿石，具有高硅、中铝、贫钙、富碱等特点。在未遭受蚀变和风化的尾矿中，独立的二氧化硅常为结晶态的石英，主要具有绿泥石 – 绢云母 – 石英或高岭石 – 石英蚀变组合。在外生条件下，通常形成石英 – 长石、石英 – 黏土组合。在某些酸性火山岩型矿床中，还可见到沸石类矿物，钙、钠、钾呈不稳定的吸附状态赋存于 Si-Al-O 骨架的空穴中。

（3）钙铝硅酸盐型尾矿。主要矿物组成是 $CaMg[Si_2O_6] – CaFe[Si_2O_6]$ 系列辉石、$Ca_2Mg_5[Si_4O_{11}](OH)_2 – Ca_2Fe_3[SiO_{11}](OH)_2$ 系列闪石、中基性斜长石及其蚀变、变质矿物（如绿帘石、阳起石、石榴子石、绿泥石和绢云母等）。钙不仅可以与铁和镁一起组成辉石、角闪石、石榴子石等硅酸盐矿物，而且可以和钠、铝形成斜长石等铝硅酸盐矿物。当这些矿石遭受蚀变时，尾矿中的一些元素可以进入矿物晶格，并有二氧化碳、硫化氢等组分加入，形成绿帘石、绿泥石和绢云母等含水矿物。这些尾矿在中基性岩浆岩、火山岩、区域变质岩、钙矽卡岩型矿石中比较常见，而且钙、铝进入硅酸盐晶格，含量增多，而铁、镁含量降低，石英含量较小。

（4）碱性硅酸盐型尾矿。该类尾矿以碱性硅酸盐矿物（如碱性长石、似长石、碱性辉石、碱性角闪石、云母）以及蚀变、变质矿物（如绢云母、方钠石、方沸石等）为主，以富碱、贫硅、无石英为特征，钠、钾含量比长英岩型尾矿高很多；产于碱性岩中的稀有、稀土元素矿床可形成这类尾矿。根据尾矿中的二氧化硅含量，它可以分为碱性超基性岩型、碱性基性岩型、碱性酸性岩型（也称碱性酸性硅酸盐型）三个亚类，其中第三亚类分布较广，主要矿物有霞石、白榴石、钾长石、碱性斜长石等，建材中多用此类尾矿。当矿床受到蚀变时，碱性似长石类矿物通常形成方沸石、方钠石和钾沸石等，碱性长石蚀变为绢云母和高岭石等。

（5）高铝硅酸盐型尾矿。硅、铝通常结合成无水或含水的硅酸铝，赋存于黏土或红柱石族矿物中，硅呈四面体配位，铝多呈六面体配位；铁、镁、钾、钠进入八面体孔穴，以黑云母、白云母和伊利石等形式存在，钙很少进入硅酸盐晶格，而以独立的碳酸盐形式存在。因此，该类尾矿的主要成分为云母类、黏土类、蜡石类等层状硅酸盐矿物，并常含有石英。常见于某些蚀变火山凝灰岩型、沉积页岩型及其风化、变质型矿床的矿石中，煤系地层中的煤矸石也多属此类。在化学成分上，表现为富铝、富硅、贫钙、贫镁，有时钾、钠含量较高。

（6）高钙硅酸盐型尾矿。该类尾矿中钙既与硅结合成透辉石、透闪石、硅灰石和钙石榴子石，又以方解石的形式残留于碳酸盐中；铁、镁、钠、钾等主要赋存于绿帘石、绿泥石、阳起石等含水的硅酸盐中。因此，该类尾矿主要矿物成分为透辉石、透闪石、硅灰石、钙铝榴石、绿帘石、绿泥石、阳起石等无水或含水的硅酸钙岩，多分布于各种钙矽卡岩型矿床和一些区域变质矿床；化学成分上表现为高钙、低碱，二氧化硅一般不饱和，铝含量一般较低的特点。

（7）硅质岩型尾矿。硅的主要赋存方式为结晶状态的氧化物石英，有些以燧石、蛋白石等微晶或不定形氧化物形式存在，因此该类尾矿的主要矿物成分为石英及其二氧化硅变体，包括石英岩、脉石岩、石英砂岩、硅质页岩、石英砂、硅藻土以及二氧化硅含量较高的其他矿物和岩石。自然界中，该类尾矿广泛分布于伟晶岩型，火山沉积－变质岩型，各种高、中、低温热液型，层控砂（页）石型以及砂矿床型的矿石中，二氧化硅含量一般在 90% 以上，其他元素含量一般不足 10%。

（8）碳酸性尾矿。钙可以进入方解石、白云石晶格，镁可以形成白云石和菱镁矿；但在一些成分不纯或遭遇蚀变的碳酸盐型尾矿中，不免有硅、铁铝、锰等元素混入。该类尾矿中，碳酸盐矿物占绝对多数，主要为方解石或白云石，常见于化学或生物－化学沉积岩型矿石中。在一些填充于碳酸盐岩层为中的脉状矿体中，也常将碳酸盐质围岩与矿石一起采出，构成此类尾矿，根据碳酸盐矿物是方解石还是白云石为主，又可进一步分为钙质碳酸岩型尾矿和镁质碳酸盐尾矿两个亚类。

不同种类和不同结构构造的矿石，需要不同的矿工艺流程，而不同的选矿工艺流程所产生的尾矿，在工艺性质上，尤其在颗粒形态和颗粒级配上，往往存在一定的差异。

按照选矿工艺流程，尾矿可分为以下六种类型。

（1）手选尾矿。手选工艺主要适合与结构紧密、品位高、与脉石界限明显的金属或非金属矿石的分选，因此，其尾矿一般呈大块的废石状。

（2）重选尾矿。重选是利用有用矿物和脉石矿物的密度差和粒度差选别矿石，一般采用多段磨矿工艺，致使尾矿的粒度组成范围比较宽。

（3）磁选尾矿。磁选主要用于选别磁性较强的铁锰矿石，尾矿一般含有一定量铁质的选岩矿物，粒度范围比较宽，一般为 0.05 ~ 0.5mm。

（4）浮选尾矿。浮选是有色金属矿产最常用的选矿方法，其尾矿的典型特征是粒级较细，通常为 0.05 ~ 0.5mm，且小于 0.074mm 的细粒级占绝大部分。新排放尾矿颗粒的表面附着有选矿药剂，对尾矿利用有一定影响，但经过一定存储期的尾矿，选矿药剂的影响会自动减轻或消失。

（5）化学选矿尾矿。由于化学药液在浸出有用元素的同时，也对尾矿颗粒产生一定程度的腐蚀或改变其表面状态，一般能提高尾矿颗粒反应活性。

（6）电选及光电选尾矿。目前这种选矿方法工艺应用较少，通常用于分选矿砂床或者尾矿中的贵重矿物，尾矿粒度一般小于1mm。

根据矿体所并存的主岩类型和围岩蚀变类型，并考虑到尾矿的矿物组合情况，可将我国主要类型矿床的选矿尾矿，划分为28个基本类型。其具体划分方案见表3-2。

表3-2　尾矿的矿床学类型

序号	主岩类型	寄主矿化类型	代表性围岩蚀变类型	主要矿物组合
1	超基性岩浆岩	铬铁矿、铜镍硫化物	蛇纹石化	镁橄榄石、斜方辉石、蛇纹石、绿泥石等
2	基性岩浆岩	钡钛磁铁矿	纤闪石化	基性斜长石、辉石、纤闪石、绿泥石等
3	基性－碱性岩浆岩	磷灰石－磁铁矿		钠辉石、钠闪石、石英、方解石等
4	自变质花岗岩	稀有、稀土金属矿	钾钠长石化	钾微斜长石、钠长石、石英
5	金伯利岩	金刚石	蛇纹石化	镁橄榄石、镁铝榴石、透辉石、蛇纹石、金云母、绿泥石、方解石等
6	玄武－安山岩	赤铁－磁铁矿		斜长石、辉石、角闪石、磷灰石等
7	碱性伟晶岩	磷灰石		霓石、霓辉石、钠钙闪石、方钠石、钠沸石等
8	花岗伟晶岩	稀有、稀土金属		钾长石、钾微斜长石、石英、白云母等
9	钙矽卡岩	钨、锡、铋、钼、铁、铜、铅、锌	矽卡岩化	石榴子石、透辉石、透闪石、方柱石、阳起石、绿帘石、绿泥石、绢云母、石英、方解石等
10	镁矽卡岩	铁、铜、硼	矽卡岩化	镁橄榄石、硅镁石、尖晶石、透辉石、金云母、透闪石、蛇纹石等
11	酸性侵入岩	钨、锡、铋、钼	云英岩化	钾长石、石英、白云母、电气石、符山石等
12	酸性侵入岩入其惰性围岩	金、铜、铅、锌、水晶	硅化、绿泥石化、绢云母化	石英、钾长石、碱性斜长石、绢云母、绿泥石等

续表 3-2

序号	主岩类型	寄主矿化类型	代表性围岩蚀变类型	主要矿物组合
13	酸性侵入岩的惰性围岩	铅、锌、汞、锑、萤石、重晶石	硅化、绢云母化、绿泥石化	石英、长石、绢云母、白云母、绿泥石等
14	陆相火山岩	金、铜、铅锌、汞锑、萤石、明矾石、叶蜡石	次生石英岩化	石英、绢云母、明矾石、高岭土、红柱石、水铝石、叶蜡石等
15	陆相次火山岩	铜、铁	钾化、钠化、绢英岩化、青盘岩化	钾长石、石英、绢云母、绿泥石、绿帘石、高岭土、方解石或透辉石、阳起石、金云母、绿帘石、叶蜡石等
16	海相火山岩	铜、铅、锌	青盘岩化、绢英岩化、次生石英岩化	石英、绢云母、绿泥石、方解石、硬石膏等
17	层控碳酸盐岩	铅锌、汞锑		方解石、白云石、萤石、重晶石、菱铁矿等
18	层控碎屑岩	铜、钒、铀、水晶		石英、长石、黏土矿物等
19	风化壳	铁、铝、磷、镍、铀、高岭土		石英、长石、氧化铁、黏土矿物等
20	河沙、海沙	金、金刚石、锆石		石英
21	蒸发沉积岩	盐、碱、硝、钾、硼、石膏		白云石、石膏、硬石膏、黏土
22	海相沉积岩系	铁、锰、铝、磷		石英、黏土、方解石、白云石、海绿石
23	陆相生物沉积岩	煤、油页岩、硅藻土、硫、磷		黏土矿物、二氧化硅质、长石、方解石、黄铁矿等
24	陆相火山碎屑蚀变岩	珍珠岩、沸石岩、膨润土		火山凝灰碎屑、珍珠岩、沸石岩、膨润土等
25	重结晶碳酸盐	大理岩、石墨		方解石、白云石、透辉石、硅灰石
26	蚀变白云岩	石棉、滑石、菱镁矿	蛇纹石化、绿泥石化	白云石、蛇纹石、透辉石、透闪石、绿泥石等
27	变质火山沉积岩	铁、铜、铅锌	石榴石化、绿泥石化	石英、石榴石、绿泥石、钠长石等
28	变质含矿沉积岩	铜、磷、硼、石墨、红柱石、蓝晶石、刚玉		石英、长石、云母、角闪石、阳起石等

　　根据排出尾矿的矿山及其选别成分的不同，通常人们将尾矿分为有色金属矿山尾矿、黑色金属矿山尾矿、贵金属尾矿、非金属矿山尾矿、煤炭资源固体废弃物五大类。有色金属矿山尾矿包括铜矿尾矿、锡矿尾矿、铅锌矿尾矿、钼矿尾矿、镍矿尾矿等；黑色金属矿山尾矿可细分为铁矿尾矿、锰矿尾矿等；稀有金属尾矿包括金矿尾矿、银矿尾矿、铂族金属尾矿、稀土尾矿等；非金属矿山尾矿包括磷矿尾矿、萤石尾矿、重晶石尾矿；煤炭固体废弃物包括煤泥、粉煤灰、煤矸石等。有人认为这种分类方法缺乏科学依据，因为它不能反映尾矿的地质学特征及其工艺学特点。

3.1.2　尾矿的工艺流程

　　我国选矿厂种类较多，下面以铜尾矿、铅锌尾矿为例介绍相关工艺流程。

　　近十年来，我国铜铅锌采选行业取得了长足的进步，铜铅锌精矿产量处于世界前列，国内部分骨干矿山装备技术达到了世界先进水平，行业"开采回采率""选矿回收率""综合利用率"等指标总体有所提高，例如江西德兴铜矿、广东凡口铅锌矿、南京栖霞山铅锌矿在数字化矿山、无轨开采、无废开采等取得了可喜的成绩，但由于中小矿山众多，导致总体管理水平、装备与技术水平不高。目前发达国家矿业开发已经进入数字化和无轨开采阶段，而我国只有个别大型矿山接近或达到这种水平。

3.1.2.1　铜尾矿

　　对矿石的破碎、磨碎、分级、选别、过滤脱水、精矿出厂和尾矿处理等过程进行的自动控制实现生产过程自动化，可以大大提高劳动生产率，提高选矿回收率和精矿品位，改善劳动条件，降低药剂和电能的消耗，使选矿生产更加经济合理。

　　不断优化工艺流程，采用全电位控制浮选来提高硫化矿资源的综合利用率和减少选矿过程的能耗、节省选矿成本；浮选药剂制度优化与废水回用匹配实现部分选矿废水不经处理直接回用；采用水污染治理技术实现浮选废水适度净化后全部回用和零排放；采用固体废物处理技术实现选矿尾矿综合利用和就地回填，实现尾矿零排放，从而实现了选矿过程的清洁生产。

　　A　江西某铜矿选矿生产工艺及铜尾矿产排污节点

　　碎矿系统分为两个系列，采用中碎前带预先筛分的三段一闭路碎矿流程。磨矿系统采用一段闭路磨矿流程。原设计浮选系统分为前 3.0 万吨/天和后 3.0 万吨/天两个独立的系统，采用混合浮选—粗精矿再磨—铜硫分离浮选流程。随着生产的进行，浮选流程改变为快速浮选—混合浮选—粗精矿再磨—铜硫分离浮选流程。目前，正在对精选段进行改造，采用浮选柱—浮选机联合流程。生产工艺流程见图 3-1。

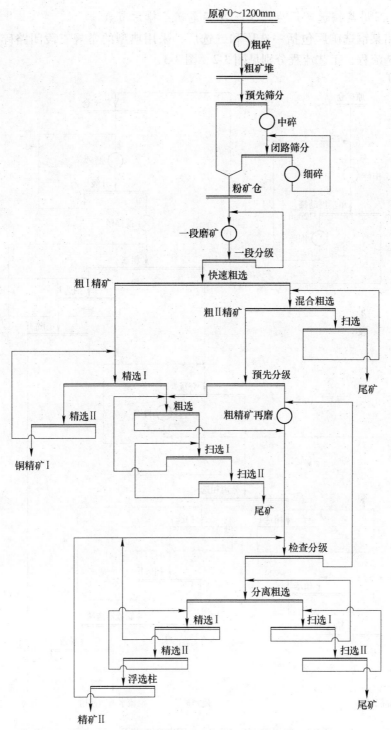

图 3-1 某铜选矿厂实际生产工艺及排污节点图

B 四川某铜选矿厂生产工艺及铜尾矿产排污节点

四川某铜选矿厂包括一选厂和二选厂，采用典型的常规三段闭路碎矿、磨矿、浮选流程，工艺流程分别见图3-2、图3-3。

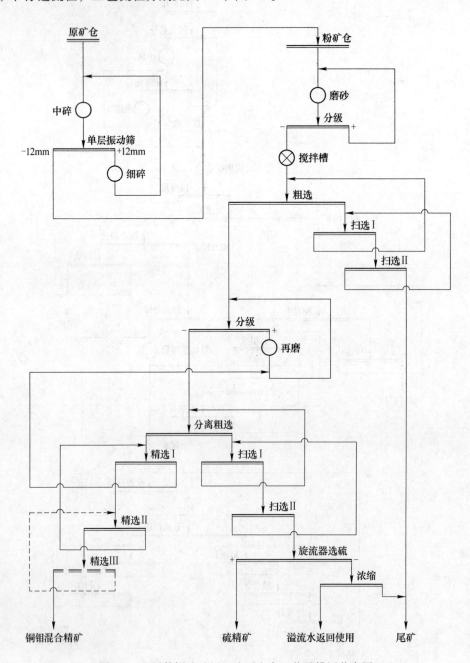

图 3-2 四川某铜选矿厂一选厂生产工艺及排污节点图

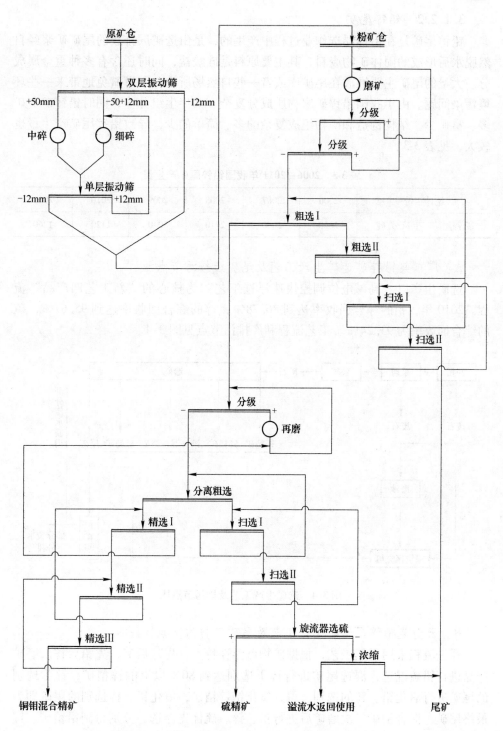

图 3-3　四川某铜选矿厂二选厂生产工艺及排污节点图

3.1.2.2　铅锌尾矿

铅锌尾矿是在铅锌浮选作业过程中产生的，是由选矿厂排放的尾矿矿浆经自然脱水后形成的固体矿物废料，其主要原料是硅酸盐，同时还含有多种重金属成分。大量的尾矿主要堆放在尾矿库或者一些自然场所中，不可避免地带来一些环境污染问题。由于我国铅锌矿床物质成分复杂、共伴生组分多，同时铅锌矿贫矿多、富矿少，结构构造和矿物组成复杂的多、简单的少，导致铅锌尾矿产生量也较大，见表3-3。

表3-3　2006～2011年我国铅锌尾矿产生量

统计年份	2006	2007	2008	2009	2010	2011
铅锌尾矿产生量/万吨	2020	2660	2710	3040	1120	1260

A　广东某铅锌矿选矿生产工艺及尾矿产排污节点

选矿生产以"高碱电位调控快速浮选工艺"为核心的"新工艺四产品"流程。2010年，铅的综合回收率达到86.78%，锌的综合回收率达到95.67%，硫的综合回收率为93.24%。工艺流程和产排污节点见图3-4。

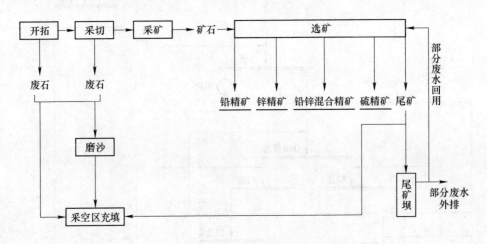

图3-4　选矿生产工艺及排污节点图

B　云南某铅锌矿选矿生产工艺及尾矿产排污节点

浮选流程采用无氰工艺，根据矿物可浮性特点，先硫后氧，先铅后锌。磨矿产品进行铅硫混选，混选尾矿进行锌Ⅰ选别达到80%以上的锌精矿，锌Ⅰ选别的尾矿进行氧化铅、锌的选别，得到氧化铅锌精矿，氧化铅、锌选别的尾矿即为最终尾矿，混合精矿二次磨矿后进行铅、锌、硫优先浮选，分别得到铅精矿、锌Ⅱ精矿、硫精矿。2010年，铅的综合回收率达到84.38%，锌的综合回收率达到

94.97%。选矿工艺流程和产排污节点见图3-5。

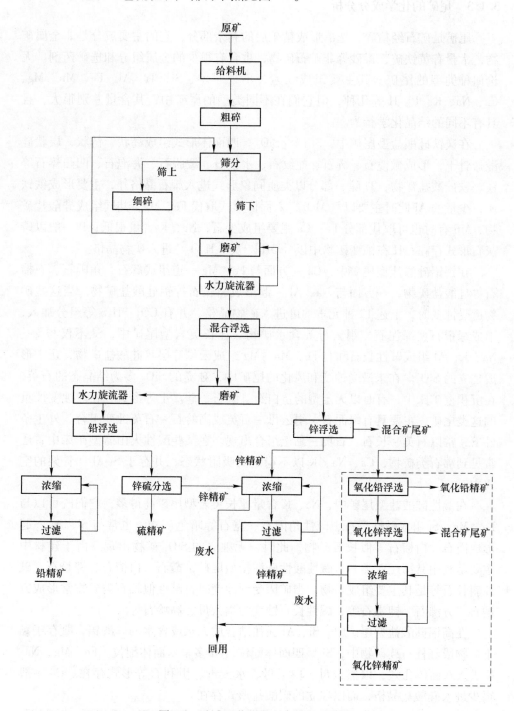

图 3-5 选矿工艺流程和产排污节点图

3.1.3　尾矿的化学成分分析

尾矿是矿石经粉碎、选冶形成精矿后的剩余部分，它的主要成分是非金属矿物，常含有黄铁矿、毒砂等非矿石矿物，也含有很少的金属组分和选矿药剂。无论何种类型的尾矿，其主要组成元素，不外乎 O、Si、Ti、Al、Fe、Mn、Mg、Ca、Na、K、P、H 等几种，但它们在不同类型的尾矿中，其含量差别很大，且具有不同的结晶化学行为。

在镁铁硅酸盐型尾矿中，Si 以 [SiO_4] 四面体形式组成岛状、链状、层状硅酸盐骨干，形成橄榄石、辉石、蛇纹石、水镁石、蒙脱石、海泡石、凹凸棒石等镁、铁硅酸盐矿物；Ti 除一部分以类质同象形式进入辉石晶格外，主要形成铁铁矿；少量的 Al 此时主要以 [AlO_6] 六面体形式取代 Fe、Mg，共同组成硅酸盐矿物，Mn 有时也可取代部分 Fe；Ca 主要组成少石；Na、K 含量很低；P 一般以磷灰石形式存在；H 在蚀变矿物中以 [OH]$^-$ 及 [H_3O]$^+$ 进入矿物晶格。

在钙铝硅酸盐型尾矿中，Ca 一方面与 Fe、Mg 一道组成辉石、角闪石、石榴石等硅酸盐矿物，一方面与 Na、Al 一起形成斜长石等铝硅酸盐矿物。当这些矿物遭受蚀变时，上述 12 种元素均可进入矿物晶格，并有 CO_2、H_2S 等组分加入，形成绿帘石、绿泥石、绢云母等含水矿物。在长英岩型尾矿中，Si 不仅与 Ca、Na、K、Al 组成碱性长石和与 Fe、Mn、Mg 组成云母等层状硅酸盐矿物，还常形成独立的 SiO_2。在未遭受蚀变和风化的尾矿中，独立的 SiO_2 多为结晶态的石英，在沉积型矿床中，有时以无定型的蛋白石、缝石、硅藻土等形式存在。蚀变严重的这类尾矿，主要具有绿泥石 – 绢云母 – 石英或高岭石 – 石英蚀变组合。外生条件下，常以石英 – 长石、石英 – 黏土组合出现。在某些酸性火山岩型矿床中，还常见到沸石类矿物，Ca、Na、K 以不稳定的吸附状态，并存于 Si-Al-O 骨架的空穴中。

在碱性硅酸盐型尾矿中，Na、K 含量比长英岩型尾矿高得多，它们既可以与 Fe、Mg、Si 组成碱性辉石、碱性角闪石、霓石等暗色矿物，也常与 Si、Al 一起形成霞石、白榴石等似长石矿物，此时，无独立的 SiO_2 矿物出现。由于建材中主要是利用其第三亚类——碱性酸性硅酸盐型尾矿，霞石、白榴石、钾长石、碱性斜长石等是其主要组成矿物。当矿床受到蚀变时，碱性似长石类矿物常形成方钠石、方沸石、钾沸石等，碱性长石蚀变为绢云母、高岭石等。

在高铝硅酸盐型尾矿中，Si、Al 往往结合成无水或含水的硅酸铝，赋存于黏土矿物或红柱石族矿物中，Si 呈四面体配位，Al 多呈六面体配位。Fe、Mg、Na、K 进入八面体孔穴，以黑云母、白云母、水云母、伊利石等形式存在。Ca 一般很少进入硅酸盐晶格，而以独立的碳酸盐形式存在。

在高钙硅酸盐型尾矿中，Ca 一方面与 Si 结合成透辉石、透闪石、硅灰石、钙铝榴石等，另一方面以方解石形式残留于碳酸盐中。Fe、Mg、Na、K 等主要并存于绿帘石、绿泥石、阳起石等含水硅酸盐中。其中，有些 Fe 以氧化物或硫化物形式存在。

硅质岩型尾矿中，Si 的主要赋存方式为结晶状态的氧化物——石英，有些以健石、蛋白石等微晶或不定型氧化物形式存在。Al、Fe、Ca、Mg、Na、K 等以杂质矿物形式赋存于胶结物中。

碳酸盐型尾矿中，Ca 可进入方解石、白云石晶格，Mg 可形成白云石、菱镁矿。但在一些成分不纯或遭遇蚀变的碳酸盐型尾矿中，也不免有 Si、Al、Fe、Mn 元素的混入。

尾矿的化学成分，可用全分析结果表示，但一般常以 SiO_2、TiO_2、Al_2O_3、Fe_2O_3、FeO、MgO、GaO、Na_2O、K_2O、H_2O、CO_2、SO_3 等主要造岩元素的含量来标度。各种未选净的金属元素，可从选矿工艺参数中获得。一般选厂都有尾矿品位的记录。只有当确定某种金属元素对建材生产工艺或产品性能具有重大影响时，才要求做全面分析。

尾矿的矿物成分，一般以各种矿物的质量分数表示，但由于岩矿鉴定多在显微镜下进行，不便于称量，因此，有时也采用镜下统计矿物颗粒数目的办法，间接地推算各矿物的大致含量。我国典型常见的金属尾矿化学成分见表3-4、表3-5。

表 3-4 尾矿的化学成分和矿物组成的范围

尾矿类型	矿物组成	质量分数/%	主要化学成分（质量分数）/%							
			SiO_2	Al_2O_3	Fe_2O_3	FeO	MgO	CaO	Na_2O	K_2O
镁铁硅酸盐型	镁铁橄榄石（蛇纹石） 辉石（绿泥石） 斜长石（绢云母）	25～75 25～75 ≤15	30.0～ 45.0	0.5～ 4.0	0.5～ 5.0	0.5～ 8.0	25.0～ 45.0	0.3～ 4.5	0.02～ 0.5	0.01～ 0.3
钙铝硅酸盐型	橄榄石（蛇纹石） 辉石（绿泥石） 斜长石（绢云母） 角闪石（绿帘石）	0～10 25～50 40～70 15～30	45.0～ 65.0	12.0～ 18.0	2.5～ 5.0	2.0～ 9.0	4.0～ 8.0	8.0～ 15.0	1.50～ 3.50	1.0～ 2.5
长英岩型	石英 钾长石（绢云母） 碱斜长石（绢云母） 铁镁矿物（绿泥石）	15～35 15～30 25～40 5～15	65.0～ 80.0	12.0～ 18.0	0.5～ 2.5	1.5～ 2.5	0.5～ 1.5	0.5～ 4.5	3.5～ 5.0	2.5～ 5.5
碱性硅酸盐型	霞石（沸石） 钾长石（绢云母） 钠长石（方沸石） 碱性暗色矿物	15～25 30～60 15～30 5～10	50.0～ 60.0	12.0～ 23.0	1.5～ 6.0	0.5～ 5.0	0.1～ 3.5	0.5～ 4.0	5.0～ 12.0	5.0～ 10.0

尾矿类型	矿物组成	质量分数/%	主要化学成分（质量分数)/%							
			SiO_2	Al_2O_3	Fe_2O_3	FeO	MgO	CaO	Na_2O	K_2O
高铝硅酸盐型	高岭土石类黏土矿物 石英或方解石等非黏土矿物 少量有机质 硫化物	≥75 ≤25	45.0～65.0	30.0～40.0	2.0～8.0	0.1～1.0	0.05～0.5	2.0～5.0	0.2～1.5	5.0～2.0
高钙硅酸盐型	大理石（硅灰石） 透辉石（绿帘石） 石榴子石（绿帘石、绿泥石等）	10～30 20～45 30～45	35.0～55.0	5.0～12.0	3.0～5.0	2.0～15.0	5.0～8.5	20.0～30.0	0.5～1.5	0.5～2.5
硅质岩型	石英非石英矿物	≥75 ≤25	80.0～90.0	2.0～3.0	1.0～4.0	0.2～0.5	0.02～0.2	2.0～5.0	0.01～0.1	0.0～0.5
钙质碳酸盐型	方解石 石英及黏土矿物 白云石	≥75 5～25 ≤5	3.0～8.0	2.0～6.0	0.2～2.0	0.1～0.5	1.0～3.5	45.0～52.0	0.01～0.2	0.0～0.5
镁质碳酸盐型	白云石 方解石 黏土矿物	≥75 10～25 3～5	1.0～5.0	0.5～2.0	0.1～3.0	0～0.5	17.0～24.0	26.0～35.0	微量	微量

表 3-5　我国 4 种典型铁矿尾矿的化学成分

尾矿类型	化学成分（质量分数)/%											
	SiO_2	Al_2O_3	Fe_2O_3	TiO_2	MgO	CaO	Na_2O	K_2O	SO_3	P_2O_5	MnO	烧铁
鞍山式铁矿	73.27	4.07	11.60	0.16	4.22	3.4	0.41	0.95	0.25	0.19	0.14	2.18
岩浆型铁矿	37.17	10.35	19.16	7.94	8.50	11.11	1.60	0.10	0.56	0.03	0.24	2.74
火山型铁矿	34.86	7.42	29.51	0.64	3.68	8.51	2.15	0.37	12.46	4.58	0.13	5.52
夕卡岩型铁矿	33.07	4.67	12.22	0.16	7.39	23.04	1.44	0.40	1.88	0.09	0.08	13.47

3.1.4　尾矿的特性

尾矿物理性质主要包括密度、硬度、熔点、热膨胀系数等。由于各个具体矿山的尾矿组成各具特点，很难取得完整的数据，在此仅列出组成尾矿中一些常见重要矿物的物理性质，见表 3-6、表 3-7。

表 3-6　一些常见尾矿组成矿物的物理性质

矿物	密度/g·cm^{-3}	莫氏硬度	熔融（分解）温度/℃	矿物	密度/g·cm^{-3}	莫氏硬度	熔融（分解）温度/℃
石英	2.65	7	1713	方石英	2.33	6～7	1713
玉髓	2.60	6	1713	蛋白石	2.0～2.2	6～6.5	100～250
鳞石英	2.31	6.5	1670	黄铁矿	5.0	6～6.5	600～660

续表3-6

矿物	密度/g·cm^{-3}	莫氏硬度	熔融（分解）温度/℃	矿物	密度/g·cm^{-3}	莫氏硬度	熔融（分解）温度/℃
无水石膏	2.96	3~3.5	1100~1150	蓝闪石	3.1~3.5	5~6.5	
方解石	2.72	3	880~910	钠闪石	3.3~3.4	5.5~6	
白云石	2.87	3.5~4	750~800	正长石	2.57	6	1185~1250
菱镁矿	2.96	4~4.5	600~650	微斜长石	2.57	6	1150~1180
橄榄石	3.2~3.5	6.5~7	1250~1400	霞石	2.6	5.5~6	1170~1220
绿帘石	3.25~3.4	6.5	950~1000	钠长石	2.61	6~6.5	1100~1250
紫苏辉石	3.4~3.9	5~6	1180~1370	钙长石	2.76	6~6.5	1290~1340
顽火辉石	3.2~3.25	5~6	1400~1450	钠沸石	2.24	5~5.5	910~950
硅灰石	2.91	5~6	1540	辉沸石	2.16	3.5~4	800~900
透辉石	3.25~3.3	6~7	1300~1390	丝光滑石	2.15	4~5	600~700
钙铁辉石	3.5~3.6	5.5~6	1100~1140	方沸石	2.25	5.5	880~910
角闪石	3.1~3.3	5~6		堇青石	2.6~2.7	7~7.5	1400~1450

表3-7 尾矿组成材料的热膨胀系数

材料名称	温 度						
	−40	−20	0	20	50~100	100~200	200~350
花岗岩	3.8×10^{-6}	4.7×10^{-6}	6.2×10^{-6}	8.3×10^{-6}	(6~11)×10^{-6}	(10~15)×10^{-6}	(13~19)×10^{-6}
庇玄武岩					(4~5)×10^{-6}	(4~5)×10^{-6}	(4.5~5.5)×10^{-6}
辉绿岩	5.3×10^{-6}	6.2×10^{-6}	6.6×10^{-6}	7.1×10^{-6}	(6~7)×10^{-6}	(6~7.5)×10^{-6}	(6.5~8)×10^{-6}
正长岩					(6~7)×10^{-6}	(6~7.5)×10^{-6}	(6.5~8)×10^{-6}
闪长岩					(6~7)×10^{-6}	(6~7.5)×10^{-6}	(6.5~8)×10^{-6}
安山岩	6.3×10^{-6}	6.8×10^{-6}	7.2×10^{-6}	7.6×10^{-6}			
砂岩	8.2×10^{-6}	9.0×10^{-6}	8.7×10^{-6}	10.4×10^{-6}	(11~15)×10^{-6}	(11.5~16)×10^{-6}	(11.5~16.5)×10^{-6}
石灰岩	3.8×10^{-6}	4.7×10^{-6}	5.7×10^{-6}	6.5×10^{-6}	(5~8)×10^{-6}	(8~12)×10^{-6}	(12~15)×10^{-6}
白云岩	5.4×10^{-6}	7.4×10^{-6}	5.7×10^{-6}	6.5×10^{-6}	(4~0)×10^{-6}	(8~14)×10^{-6}	(10~16)×10^{-6}
石英砂	10.3×10^{-6}	10.7×10^{-6}	11.3×10^{-6}	12.1×10^{-6}	12×10^{-6}	12.5×10^{-6}	13.5×10^{-6}

3.2 粉煤灰的分类与特征

3.2.1 粉煤灰的分类

粉煤灰的含钙量对粉煤灰的综合利用有很大的影响，通常含钙量小于10%的粉煤灰被称为低钙灰，含钙量10%~19.9%的称为中钙灰，大于或等于20%

的称为高钙灰。

粉煤灰可按状态、性质、氧化钙含量、细度和含湿量等方式进行分类。

按状态分类，粉煤灰可分为湿灰、原状干灰、调湿灰、磨细粉煤灰等。
(1) 湿灰。对于湿灰系统，粉煤灰在灰场和沉灰池中沉淀下来，可用挖掘机械或抓斗把湿灰挖出来供应用户。(2) 原状干灰。采用干除灰的电厂，把所有的灰混在一起，就是原状干灰（或称统灰）。(3) 调湿灰。在干灰库下用调湿装置即搅拌器中喷入适量的水，使灰呈湿状。(4) 分级灰。电除尘器各电场收集到的干灰其颗粒度是不一样的，分一、二、三、四电厂灰。根据产品粒度范围要求，将符合要求的颗粒分出，成为分级灰。目前，工业上常用的有干法分离和筛分两种分级方法。(5) 磨细粉煤灰。磨细粉煤灰是无序状态的、低品位的原状粉煤灰，经专用设备磨细成相对稳定和有序的产品粉煤灰。

按粉煤灰性质和脱硫工艺分类，粉煤灰可以分为硅铝灰和钙硫灰。硅铝灰主要是燃烧普通煤（无烟煤和燃煤）时产生的粉煤灰。该灰 SiO_2 和 Al_2O_3 的含量很高，二者之和的质量分数为 80%。干灰的非堆积质量度为 $0.5 \sim 0.8g/L$，堆积后在运输过程中的质量密度为 $0.8 \sim 0.9kg/L$。钙硫灰是燃烧褐煤时产生的粉煤灰。该灰 SiO_2 和 Al_2O_3 的含量较低，二者之和的质量分数小于 10%，但 CaO 的质量分数则高达 40%，SO_3 的质量分数也达 6% ~ 7%。干灰非堆积质量密度为 $1.1 \sim 1.3kg/L$，堆积后的质量密度为 $1.3 \sim 1.5kg/L$，硅铝粉煤灰和钙硫粉煤灰化学成分大致见表3-8。

表3-8　某硅铝粉煤灰和钙硫粉煤灰的化学成分　　　　　　　(%)

灰样	$w(SiO_2)$	$w(Al_2O_3)$	$w(CaO)$	$w(MgO)$	$w(Fe_2O_3)$	$w(SO_3)$	$w(K_2O)$	$w(Na_2O)$	烧失量
硅铝灰	50	30	3	2.0	7	0.6	3.5	0.7	3.2
钙硫灰	20	10	44	1.5	7	6.5	2.1	0.6	8.3

按氧化钙含量分类，根据《用于水泥和混凝土中的粉煤灰》（GB/T 1596—2005），参照美国 ASTMC618—1980 标准，将粉煤灰分为低钙粉煤灰（F 类）、中钙灰和高钙（c 类）粉煤灰。F 类粉煤灰由无烟煤或烟煤煅烧收集的粉煤灰。目前大多数电厂产生的粉煤灰为此类。主要特征是高硅铝、低钙，外观浅灰—灰黑色。这一类粉煤灰具有火山灰性能。C 类粉煤灰是由揭煤或次烟煤煅烧收集的粉煤灰，其特征是 CaO 较高、SiO_2 低，外观偏淡黄浅灰色。与普通 F 类粉煤灰相比较，C 类灰的化学组成特点为：（$FeO + Al_2O_3 + SiO_2$）含量、烧失量、含水量及 K_2O 含量较低，CaO、MgO、SO_3、Na_2O 含量较高。C 类灰的矿物组成灰特点为：含有与 F 类粉煤灰相同的某些矿物，如石英、莫来石等，但峰强削弱，特别是莫来石更弱；含有低钙灰中没有的 $f-CaO$、$CaSO_4$ 等数量不等的矿物；玻璃体内氧化钙含量较高。C 类粉煤灰的物理性能特点为：细度大、密度高、需水比

小、强度贡献大。

低钙、中钙、高钙粉煤灰的平均化学组成见表3-9。

表3-9 低钙、中钙、高钙粉煤灰的平均化学组成

类 型	$w(SiO_2)$	$w(Al_2O_3)$	$w(CaO)$	$w(MgO)$	$w(Fe_2O_3)$	$w(SO_3)$	$w(K_2O)$	$w(Na_2O)$
低钙灰 ($w(CaO)<10\%$)	52.5	22.8	4.9	1.3	7.5	0.6	1.3	1.3
中钙灰 ($w(CaO)<10\%\sim$ 19.9%)	48.5	19.6	15.2	3.2	6.2	1.3	0.8	1.5
高钙灰 ($w(CaO)>20\%$)	36.9	17.6	25.2	5.1	6.2	2.9	0.6	1.7

按粉煤灰的细度和烧失量分类，粉煤灰可分为细灰、中灰、粗灰。如根据我国标准《用于水泥和混凝土的粉煤灰》（GB/T 1596—2005），用于混凝土和矿浆掺合料的粉煤灰分为Ⅰ级、Ⅱ级、Ⅲ级三个等级：（1）Ⅰ级粉煤灰，45μm方孔筛筛余量小于12%，烧失量小于5%；（2）Ⅱ级粉煤灰，45μm方孔筛筛余量小于20%，烧失量小于8%；（3）Ⅲ级粉煤灰，45μm方孔筛筛余量小于45%，烧失量小于15%。

不同国家按细度分类标准要求不一致，如澳大利亚标准AS3582.1（用于波兰特水泥的粉煤灰）将粉煤灰分为三个等级：（1）细灰，75%的粉煤灰通过45μm方孔筛且烧失量不超过4%；（2）中灰，60%的粉煤灰通过45μm方孔筛且烧失量不超过6%；（3）粗灰，40%的粉煤灰通过45μm方孔筛且烧失量不超过12%。

3.2.2 粉煤灰的工艺流程

粉煤灰的形成大致可以分为以下三个阶段：

（1）煤粉在开始燃烧时，其中气化温度低的组分不断溢出，使煤灰变成多孔性碳粒。此时的煤灰，颗粒状态基本保持原来的不规则碎屑状，但因其多孔性，使其比表面积极大。

（2）伴随着温度的升高，多孔性碳粒中的有机质充分燃烧，其中的矿物质也将脱水、分解、氧化变成无机氧化物，此时的煤粉颗粒变为多孔玻璃体，但比表面积明显小于多孔碳粒。

（3）随着燃烧的进行，多孔玻璃体逐步熔融收缩而形成颗粒，其孔隙率不断降低，圆度不断提高，粒径不断变小，最终由多孔玻璃体转变为密度较高、粒径较小的密实微珠，颗粒比表面积下降为最小。不同粒度和密度的微珠其化学和矿物学特征是不同的，最后形成的粉煤灰是不均匀的复杂的多相物质。

此外，燃烧生成粉煤灰的过程还有更细的划分，包括煤粉的燃烧、灰渣的烧结、破裂、颗粒熔融、骤冷沉珠等，具体如下。

（1）煤粉的燃烧。煤粉由高速气流喷入锅炉炉膛，有机物成分立即燃烧形成细颗粒火团，充分释放热量。粉煤灰的形成过程，既是煤粉颗粒中矿物杂质的物质转变过程，也是化学反应过程。

（2）灰渣的烧结。在400℃时，高岭土开始失水形成偏高岭土，当温度超过900℃偏高岭土将形成莫来石和其他无定形石英。伊利石是典型的富铁、镁、钾、钠的黏土物质，当温度超过400℃时开始分解成硅铝酸盐。

（3）破裂。大约在800℃时，碳酸盐开始分解放出 CO_2 生成石灰（CaO），其他碳酸盐也会分解放出 CO_2 后生成相应的氧化物。

（4）颗粒熔融。当温度超过1100℃时，石英如果没有与黏土矿物结合，当溶解于熔融铝硅酸盐中，再随温度升高大约达到1650℃将开始挥发。

（5）骤冷沉珠。灰粒在高温和空气的湍流中，可燃物烧失，灰分骤集、分裂、熔融，在表面张力和外部压力等作用下形成滴状物质飘出锅炉骤冷，固结成玻璃微珠，有些微珠是薄壁中空的微珠，密度比水小而浮于水面上，成为漂珠，而壁厚及无空的微珠密度比水大形成沉珠，漂珠内封闭的气体主要是 CO 和 CO_2。大部分煤灰中的漂珠的含量相对粉煤灰的量都很少，一般不足1%，沉珠相对粉煤灰的含量较大，一般占粉煤灰的20%～50%。

3.2.3　粉煤灰的化学成分分析

煤由碳、氧、氮和硫组成。比较典型的煤中，碳占80%～90%，氢占4%～5%，氧占5%～10%，氮占1.5%～2%，以及1%左右的有机硫，这些物质充分燃烧将全部变为气体。但实际煤中还含有其他微量元素，特别是很多煤中还含有比较多的矿物或在开采过程中混有的其他矿物，这些物质将构成粉煤灰的主要来源。

（1）煤中混杂的矿物在煤破碎时可能与煤的颗粒分离，这些矿物颗粒尺寸相对比较大，在燃烧过程中可能成为碎块，也可能部分熔融，这取决于燃烧的温度、矿物的成分以及挥发性物质的含量。

（2）煤内含有的矿物颗粒通常粒度很小，存在于煤粉颗粒之中，这些颗粒将受煤的膨胀、集化和燃烧的影响，也会参与煤粉在燃烧过程中的破碎、挥发物质的迁移、团聚和熔融。

（3）分散在煤中等一些无机物在煤的燃烧过程中会气化成很细的颗粒，这些颗粒通常会黏附在大颗粒的表面，或团聚成非常小的颗粒。

粉煤灰的化学成分主要成分是 SiO_2、Al_2O_3、Fe_2O_3，三者合计占70%以上，除此之外，还有钙、镁、钛、硫、钠和磷的氧化物，见表3-10。其中氧化硅、氧化钛来自黏土、岩页，氧化铁主要来自黄铁矿，氧化镁和氧化钙来自与其相应的碳酸盐和硫酸盐。粉煤灰的化学组成很大程度取决于原煤的无机物组成和燃烧条件，因煤的产地不同而不同，因锅炉形式不同而不同，因燃烧条件不同而不同。

表 3-10　我国电厂粉煤灰化学组成　　　　　　　　　　（%）

成分	$w(SiO_2)$	$w(Al_2O_3)$	$w(Fe_2O_3)$	$w(CaO)$	$w(MgO)$	$w(SO_3)$	$w(Na_2O)$	$w(K_2O)$	烧失量
范围	1.30 ~ 65.76	1.59 ~ 40.12	1.50 ~ 6.22	1.44 ~ 16.80	1.20 ~ 3.72	1.00 ~ 6.00	1.10 ~ 4.23	1.02 ~ 2.14	1.63 ~ 29.97
均值	1.8	1.1	1.2	1.7	1.2	1.8	1.2	1.6	1.9

粉煤灰的元素组成（质量分数）为：$w(O)=47.83\%$，$w(Si)=11.48\%$ ~ 31.14%，$w(Al)=6.40\%$ ~ 22.91%，$w(Fe)=1.90\%$ ~ 18.51%，$w(Ca)=0.30\%$ ~ 25.10%，$w(K)=0.22\%$ ~ 3.10%，$w(Mg)=0.05\%$ ~ 1.92%，$w(Ti)=0.40\%$ ~ 1.80%，$w(S)=0.03\%$ ~ 4.75%，$w(Na)=0.05\%$ ~ 1.40%，$w(P)=0.00\%$ ~ 0.90%，$w(Cl)=0.00\%$ ~ 0.12%，其他为 0.50% ~ 29.12%。

粉煤灰的活性主要来自活性 SiO_2（玻璃体 SiO_2）和活性 Al_2O_3（玻璃体 Al_2O_3）在一定碱性条件下的水化作用。因此，粉煤灰中活性 SiO_2、活性 Al_2O_3 和 $f-CaO$（游离氧化钙）都是活性的有利成分，硫在粉煤灰中一部分以可溶性石膏（$CaSO_4$）的形式存在，它对粉煤灰早期强度的发挥有一定作用，因此粉煤灰中的硫对粉煤灰活性也是有利组成。粉煤灰中的钙含量在3%左右，它对胶凝体的形成是有利的。国外把 CaO 含量超过 10% 的粉煤灰称为 C 类灰，而低于10% 的粉煤灰称为 F 类灰。C 类灰其本身具有一定的水硬性，可作水泥混合材，F 类灰常作混凝土掺和料，它比 C 类灰使用时的水化热要低。粉煤灰中少量的 MgO、Na_2O、K_2O 等生成较多玻璃体，在水化反应中会促进碱硅反应。但 MgO 含量过高时，对安定性带来不利影响。粉煤灰中的未燃炭粒疏松多孔，是一种惰性物质不仅对粉煤灰的活性有害，而且对粉煤灰的压实也不利。过量的 Fe_2O_3 对粉煤灰的活性也不利。

由于煤粉各颗粒间的化学成分并不完全一致，因此燃烧过程中形成的粉煤灰在排出的冷却过程中，形成了不同的物相，比如氧化硅及氧化铝含量较高的玻璃珠。另外，粉煤灰中晶体矿物的含量与粉煤灰冷却速度有关。一般来说，冷却速度较快时，玻璃体含量较多；反之，玻璃体容易析晶。可见，从物相上讲，粉煤灰是晶体矿物和非晶体矿物的混合物，其矿物组成的波动范围较大。一般晶体矿物为石英、莫来石、氧化铁、氧化镁、生石灰及无水石膏等，非晶体矿物为玻璃体、无定形碳和次生褐铁矿，其中玻璃体含量占50%以上。

无定形相主要是由硅铝质等组成的玻璃体。据报道，我国上百个电厂粉煤灰样品的玻璃体含量占总量的 50% ~ 80%（平均60%）。而 G. M. Ldorn 等人对美国 4 种粉煤灰分析的结果，其中无定形相和玻璃相占总量的 90% 以上。这些玻璃体经过高温煅烧，储藏了较高的化学内能，是粉煤灰活性的主要来源。空心和实心颗粒以及多孔体的主晶相是玻璃相，铁珠表面由于混杂有硅铝成分，也有玻璃相。一般 K_2O、Na_2O 等成分，均存在于玻璃相中。

莫来石在粉煤灰中不是独立的颗粒组分，常存在于空心玻珠的表面和玻璃体共生，尺寸较大。厚壁珠及多孔玻璃体表面也有，但一般尺寸较小。莫来石均由液相析晶所构成，呈针状自形晶结合体。在 XRD 的特征曲线上，可以明显地识别莫来石，d 值为 5.977、3.404、2.552、2.125、1.707、1.527 等均为莫来石特征峰。粉煤灰中 Al_2O_3 含量高时，形成的莫来石增多。粉煤灰一般含莫来石 11.3% ~ 36.3%。莫来石熔点为 1810℃，相对密度为 3，硬度为 6。由于莫来石硬度大，粉磨较困难。莫来石的活性比玻璃体要小。

高铁矿和赤铁矿是铁珠的主要组成部分。磁铁矿中含有大量的液相析晶，包括十字树枝状骸晶、它形及自形状晶。赤铁矿大部分是磁铁矿在高温下进一步氧化而成的，多分布于磁铁矿边缘，形成包边结构。在少数铁珠中有少量褐铁矿。磁铁矿和赤铁矿在正交偏光下，可以很容易地进行鉴定，XRD 的特征曲线也比较明显，d 值为 2.703、2.525、1.603、1.7 者属磁铁矿；d 值为 2.510、2.201、1.444 者属赤铁矿，含量一般在 5% ~ 10% 左右。

粉煤灰中带有的原生矿物石英呈棱角状，不规则颗粒最大颗粒达 0.33mm，以磷石英（α - 石英）为主，熔点 1670℃，含量 6% 左右。石墨为不透明的品质矿物，主要是由原煤中未燃烧部分的碳形成的，反光下为长条状，杂乱分布，反射色为灰黄色，反射率为 17%。原煤中含有一定量的 CaO、MgO，在燃烧中很容易和 SiO_2 反应生成硅酸盐，因此当粉煤灰含量含钙量高时，本身有一定的水硬性。

3.2.4 粉煤灰的特性

3.2.4.1 粉煤灰的物理性质

粉煤灰外观类似水泥，颜色在乳白色到灰黑色之间变化。粉煤灰的颜色是一项重要的质量指标，可以反映含碳量的多少和差异。在一定程度上也可以反映粉煤灰的细度，颜色越深粉煤灰粒度越细，含碳量越高。粉煤灰有低钙粉煤灰和高钙粉煤灰之分。通常高钙粉煤灰的颜色偏黄，低钙粉煤灰的颜色偏灰。粉煤灰颗粒呈多孔型蜂窝状组织，比表面积较大，具有较高的吸附活性，颗粒的粒径范围为 0.5 ~ 300μm。并且珠壁具有多孔结构，孔隙率高达 50% ~ 80%，有很强的吸水性。

粉煤灰的物理性质包括密度、堆积密度、细度、比表面积、需水量等，这些性质是化学成分及矿物组成的宏观反映。由于粉煤灰的组成波动范围很大，这就决定了其物理性质的差异也很大，如表 3-11 所示。

表 3-11 粉煤灰的基本物理性质

物理性质	数值范围	物理性质	数值范围
密度/$g \cdot cm^{-3}$	1.9~2.9	原会标准稠度/%	27.3~66.7
堆积密度/$g \cdot cm^{-3}$	0.531~1.261	吸收量/%	89~130
比表面积/$g \cdot cm^{-2}$	800~19500(氮吸附法)	28d 抗压强度比/%	37~85
透气法	1180~6530		

粉煤灰的物理性质中，细度和粒度是比较重要的项目，它直接影响着粉煤灰的其他性质。粉煤灰越细，细粉占的比重越大，其活性也越大。粉煤灰的细度影响早期水化反应，而化学成分影响后期的反应。

A 粉煤灰的颗粒性态

粉煤灰是多种颗粒的聚集体，颗粒形态有以下几种。

（1）类球形颗粒。类球形颗粒，外表比较光滑，由硅铝玻璃体组成，又称玻璃微球，其大小多在 1~100μm。在球形微珠中又可分为以下几种：

1）沉珠。一般直径为 5μm，表现为密度 2.0g/cm^3，大多沉珠是中空额，表面光滑。沉珠在粉煤灰中占 90%。

2）漂珠。一般直径为 30~100μm，壁厚 0.2~2μm，表观密度 0.4~0.8g/cm^3，能浮于水面。一般来说，漂珠含量约占 0.5%~1.5%。

3）磁珠。Fe_2O_3 含量占 55% 左右，表观密度大于 3.4g/cm^3，具有磁性。

4）实心微珠。粒径多为 1~3μm，表观密度 2~8g/cm^3。

（2）不规则的多孔颗粒。这种颗粒主要包括两类：其一为多孔碳粒，是粉煤灰中未燃尽的碳；其二为高温熔融玻璃体，这部分玻璃体是在煅烧温度较低或高温煅烧时间较短或颗粒中燃气逸出形成的，这类颗粒较大且多孔。

（3）不规则颗粒。这类颗粒主要由晶体矿物颗粒、碎片、玻璃碎屑及少量碳屑组成。

B 粉煤灰的细度

细度是评价粉煤灰的一个重要参数，在很大程度上反映了粉煤灰的质量。粉煤灰的细度的表征方法有两种，一种用比表面积（m^2/kg）表示，一种用 40μm 筛色余量（%）表示，我国主要使用后者。

a 粉煤灰细度与相对密度之间的关系

粉煤灰中球形颗粒性能最为优越，而球形颗粒的表现密度通常较大，粒径在 45μm 以下的颗粒大部分为玻璃微珠，而粒径大于 45μm 的颗粒为不规则颗粒。因此，粉煤灰的细度越小，玻璃微珠含量越多，粉煤灰的相对密度越大，见表 3-12。

表 3-12   粉煤灰细度与相对密度之间的关系

粉煤灰类别	比表面积/$m^2 \cdot kg^{-1}$	相对密度/$kg \cdot m^{-3}$
筛分细灰	930	2440
筛分中灰	490	2110
原状粉煤灰	300	1990
筛分粗灰	180	1880

注：将原状粉煤灰筛分成细灰、中灰、粗灰，比例为 10:25:65。

b   粉煤灰细度与微珠含量之间的关系

粉煤灰越细，玻璃微珠含量越高。对此三峡工程曾对不同电厂的粉煤灰进行过检测，结果见表 3-13，由表可知，重庆电厂粉煤灰细度为 5.2%，微珠含量高达 75%，而细度只有 15.6% 的湘潭电厂粉煤灰，微珠含量仅为 57.2%。

表 3-13   粉煤灰细度与微珠含量之间的关系

粉煤灰品种	细度/%	微珠含量/%	需水量比/%
重庆电厂粉煤灰	5.2	75.0	94
珞璜电厂粉煤灰	12.6	73.1	98
汶川电厂粉煤灰	13.6	67.3	98
湘潭电厂粉煤灰	15.6	57.2	103

c   粉煤灰细度与活性的关系

粉煤灰细度对其活性影响很大。粉煤灰越细，其活性成分参与反应的比表面积越大，反应速度越快，反应程度也越充分。表 3-14 为粉煤灰细度与活性指数的关系，随着粉煤灰变粗，活性指数急剧下降。

表 3-14   粉煤灰细度与其活性指数之间的关系

编号	1	2	3	4	5	6	7	8	9
细度/%	45.1	39.8	35.2	30.1	24.9	20.1	15.8	9.8	5.1
活性指数/%	14.5	17.0	19.5	22.7	26.4	30.5	35.6	41.3	47.5

d   根据细度对粉煤灰的级别分类

由于粉煤灰细度是决定粉煤灰质量的最重要的因素，可以根据其对粉煤灰进行级别分类，以便大致判断粉煤灰质量，见表 3-15。

表 3-15   根据细度对粉煤灰的级别分类

等级	细度（45μm 筛筛余）/%	用于混凝土中的效应
优级	<5	性能优良
1	5~20	性能良
2	20~35	性能良或尚可
3	>35	耐久性存凝

C 粉煤灰的烧失量

烧失量是表征粉煤灰中未燃烧完全的有机物包括炭粒的数量的指标。烧失量越大,表明未燃尽碳分越多。这些未燃尽碳分的存在对粉煤灰质量有很大的负面影响。含碳量越高,其吸附性越大,活性指数越低。粉煤灰的含碳量与锅炉性质和燃煤技术有关。我国新建的现代化电厂,粉煤灰含碳量可以低到 1% ~ 2%,有的电厂也有可能高到 20%。

D 粉煤灰的放射性

a 放射性物质的起源

粉煤灰中的放射性物质起源于原煤。像自然界的大多数物质一样,原煤中也含有天然存在的原生反射性核素。一般天然放射性核素在煤中的含量低于地壳的含量,但由于火山源的反常放射性、超负荷浸渍以及其他原因,其他煤层也会有高浓度的放射性核素。

b 原煤中反射性核素概况

(1) 我国和世界各国的比较。以 ^{226}Ra 衡量,对于近 20 个国家的煤样进行比较,将其中 4 个最高值和 4 个最低值列表,如表 3-16 所示,煤中放射性核素含量最高的国家是巴西,其次是澳大利亚、南非和印度,最低值是美国怀俄明州。按产量加权平均值,其他国家为 41.5Bq/kg,我国为 36Bq/kg。我国原煤的放射性核素量比国外稍低。

表 3-16 几个典型国家煤中放射性核素的含量   (Bq/kg)

序号	煤样来源国	^{226}Ra	^{232}Th	^{40}K
1	美国(怀俄明州)	0.32		
2	匈牙利	1.5		
3	德国(西部褐煤)	<10	<7	15
4	意大利(中部褐煤)	4 ~ 15	70 ~ 120	15 ~ 25
5	印度	25	26	440
6	南非	30	20	110
7	巴西	100	67	370
8	澳大利亚	30 ~ 48		

(2) 我国几个典型省的比较。仍以 ^{226}Ra 衡量,各省(自治区)煤的放射性核素含量最高的是广西,高达 313Bq/kg,而新疆最低 (6.6Bq/kg),产煤大省山西的煤核素含量处于较低水平。表 3-17 是 8 个典型省区的数据。

表 3-17   我国部分省（自治区）煤中放射性核素含量   （Bq/kg）

序号	地区	统配矿年产量/10⁴t	^{226}Ra（按产量加权）	^{232}Th（按产量加权）	^{40}K（按产量加权）
1	新疆	394	6.6	8.9	0.64
2	青海	34	17	25	0.81
3	山西	6385	24	25	0.68
4	黑龙江	3887	23	25	1.40
5	江苏	1561	54	25	0.75
6	江西	646	60	47	2.60
7	宁夏	898	62	26	0.97
8	广西	387	313	59	1.80

c　粉煤灰中的放射性核素

（1）粉煤灰的放射性浓度与原煤的放射性核素含量的关系。粉煤灰的放射性浓度与煤种有一定的依存关系，放射性浓度高的原煤，其粉煤灰的放射性也高，但是，粉煤灰的放射性浓度高于其原煤的放射性浓度。

粉煤灰的放射性核素含量不仅受煤种影响，还受煤的燃烧工艺控制条件的影响。这是因为煤燃烧时使天然放射性物质部分向环境排放，引起放射性物质再分布，分布过程的多种影响因素又导致放射性核素含量的波动。据波兰文献报道，某电厂粉煤灰^{226}Ra 的波动值竟高达 63～610Bq/kg。但一般情况下，波动值不会这么大。

（2）国外粉煤灰的放射性核素浓度。从 20 个国家的粉煤灰样品选取 4 个放射性核素浓度最高值和 4 个最低值列表如表 3-18 所示，由表中数据可知，其最高值与最低值倾向于原煤的核素浓度大体是一致的。由于美国怀俄明州原煤的放射性核素最低，其粉煤灰中的放射性核素含量也最低。

表 3-18   几个国家典型灰样的放射性核素含量   （Bq/kg）

序号	粉煤灰产地	^{226}Ra	^{232}Th	^{40}K
1	美国（怀俄明州）	30		
2	意大利中部	40～70	300	
3	美国（阿巴拉契亚山）	70	52	780
4	德国（褐煤1）	70	40	100
5	匈牙利	20～560		
6	德国（褐煤2）	200	100	300
7	澳大利亚	580		
8	波兰	63～610	33～320	

（3）我国粉煤灰的放射性。由于粉煤灰中反射性核素含量波动范围大，我国关于粉煤灰中的放射性核素的系统测试缺少报道。现将河南省环保研究院对粉煤灰及其制品中的放射性测定结果见表3-19。

表3-19　河南省粉煤灰及制品中放射性测定结果

类别	样品名称	燃烧煤种	总 α 比放射性 /Ci·kg^{-1}	总 β 比放射性 /Ci·kg^{-1}	总比放射性 /Ci·kg^{-1}
河南粉煤灰	郑州电厂	义马、新密煤	1.30×10^{-8}	1.59×10^{-8}	2.89×10^{-8}
	洛阳电厂	新安、义马煤	1.38×10^{-8}	2.42×10^{-8}	3.80×10^{-8}
	平顶山电厂	平顶山煤	2.78×10^{-8}	1.90×10^{-8}	4.68×10^{-8}
	焦作电厂	亚东南煤	2.98×10^{-8}	2.35×10^{-8}	5.33×10^{-8}
	新乡电厂	鹤壁煤	2.78×10^{-8}	2.05×10^{-8}	4.83×10^{-8}
	商丘电厂	义马、新密煤	0.93×10^{-8}	1.80×10^{-8}	2.73×10^{-8}
	信阳电厂	平顶山、新密煤	0.84×10^{-8}	2.25×10^{-8}	3.09×10^{-8}
	周口电厂	平顶山、义马煤	0.90×10^{-8}	2.08×10^{-8}	2.98×10^{-8}
	汴梁电厂	义马、新密煤	0.90×10^{-8}	1.86×10^{-8}	2.76×10^{-8}
	姚孟电厂	平顶山煤	2.25×10^{-8}	1.92×10^{-8}	4.17×10^{-8}
	许昌电厂	禹州煤	2.08×10^{-8}	1.76×10^{-8}	3.84×10^{-8}
	郑州三电厂	义马、新密煤	1.28×10^{-8}	1.36×10^{-8}	2.64×10^{-8}
其他地区粉煤灰	广州电厂		3.93×10^{-8}	3.20×10^{-8}	7.13×10^{-8}
	贵阳电厂		4.29×10^{-8}	3.69×10^{-8}	7.87×10^{-8}
	重庆电厂		4.11×10^{-8}	3.76×10^{-8}	7.87×10^{-8}
	株洲电厂		3.61×10^{-8}	3.27×10^{-8}	6.88×10^{-8}
	萍乡电厂	萍乡煤	2.44×10^{-8}	2.98×10^{-8}	5.42×10^{-8}
河南粉煤灰制品	河南灰渣砌块		2.14×10^{-8}	2.31×10^{-8}	4.45×10^{-8}
	郑州粉煤灰加气混凝土砌块（掺70%石灰）		1.28×10^{-8}	1.53×10^{-8}	2.81×10^{-8}
相比较的郑州其他建筑材料	郑州黏土砖		1.44×10^{-8}	1.86×10^{-8}	3.30×10^{-8}
	灰砂砖		1.35×10^{-8}	1.55×10^{-8}	2.90×10^{-8}
	土壤		1.87×10^{-8}	1.09×10^{-8}	2.96×10^{-8}

3.2.4.2　粉煤灰的化学性质

粉煤灰是一种人工火山灰质混合材料，它本身略有或没有水硬胶凝性能，但当以粉状及水存在时，能在常温，特别是在水热处理（蒸气养护）条件下，与氢氧化钙或其他碱土金属氢氧化物发生化学反应，生成具有水硬胶凝性能的化合物，成为一种增加强度和耐久性的材料。

3.2.4.3　粉煤灰的活性

煤灰的活性包括物理活性和化学活性。物理活性是指煤灰颗粒效应、微集料效应等的总和，是一切与自身化学元素性质无关又能促进制品胶凝活性和改善制品性能（如强度、抗渗性、耐磨性）的各种物理效应的总称。它是粉煤灰能够被直接充分利用的最有使用价值的活性，是早期活性的主要来源。

化学活性是指其中的可溶性二氧化硅、三氧化二铝等成分在常温下与水和石灰徐徐地化合反应，生成不溶、安定的硅铝酸钙盐的性质，也称火山灰活性。需要说明的是，有些粉煤灰本身含有足量游离石灰，无须再加石灰就可和水显示该活性。

粉煤灰化学活性的决定因素是其中玻璃体含量、玻璃体中可溶性的 SiO_2 和 Al_2O_3 含量及玻璃体解聚能力。

粉煤灰的活性是粉煤灰颗粒大小、形态、玻璃化程度及其组成的综合反映，也是其应用价值大小的一个重要参数。粉煤灰的活性大小不是一成不变的，它可以通过人工手段激活。常用的方法有如下三种。

（1）机械磨碎法。机械磨碎对提高粉煤灰（特别是颗粒粗大的粉煤灰）的活性非常有效。通过磨细，一方面粉碎粗大多孔的玻璃体，解除玻璃颗粒黏结，改善表面特性，减少配合料在混合过程的摩擦，改善集料级配，提高物理活性（如颗粒效应、微集料效应）；另一方面，粗大玻璃体尤其是多孔和颗粒黏结的破坏，破坏了玻璃体坚固的保护膜，使内部可溶性 SiO_2 和 Al_2O_3 溶出，断键增多，比表面积增大，反应接触面增加，活性分子增加，粉煤灰早期活性提高。

（2）水热合成法。粉煤灰是在高温流态化条件产生的，其传热传质过程异常迅速，在很短时间（2~3s）内被加热 1100~1300℃ 或更高温度，液相出现，在表面张力作用下收缩成球形液滴，结构迅速致密化，同时相互黏结成较大颗粒，在收集过程又由于迅速冷却，液相来不及结晶保持无定形态（仅有微小莫来石溶解在其中），这种保持高温液态结构排列方式的介稳结构，内能比相应成分的晶态内能高，但又低于完全无序的无定形态物质，内部结构处于近程有序、远程无序，常温下对水很稳定，无规则网络被激活，水就能直接破坏网络结构，并随温度升高，破坏作用加强，反应简式为

$$\equiv Si—O—Si \equiv + H—O—H \longrightarrow \equiv Si—O—H + H—O—Si \equiv$$

水热合成后，网络硅铝变成活性硅铝溶于水中。

（3）碱性激发法。碱类物质对硅酸盐玻璃网络具有直接的破坏作用，所以碱溶液对粉煤灰具有最强的作用，即碱性激发。

影响粉煤灰碱性激发的因素很多，其中其主要作用的有碱的种类和 pH 值、温度、粉煤灰结构与表面状态等。一般来说，碱性越强，pH 值越高，温度越高，

碱激发作用越强；而网络聚合度高，网络连接程度越高，破坏网络需要能量越大，碱激发作用越困难，需要时间越长。

总之，只要能瓦解粉煤灰结构，释放内部可溶性 SiO_2 和 Al_2O_3，将网络高聚体聚成低聚度硅铝酸（盐）胶体物，就能提高粉煤灰的活性。

3.3 煤矸石的分类与特征

3.3.1 煤矸石的分类

煤矸石是在成煤过程中与煤共同沉积的有机化合物和无机化合物混合在一起的岩石，通常呈薄层夹在煤层中或煤层顶、底板岩石中，是在煤矿建设和煤炭采掘、洗选加工过程中产生的数量较大的矿山固态排弃物。煤矸石按主要矿物含量，分为黏土岩类、砂石岩类、碳酸盐类、铝质岩类。按来源及最终状态，煤矸石可分为掘进矸石、选煤矸石和自然矸石三大类。煤矸石排放量根据煤层条件、开采条件和洗选工艺的不同有较大差异，一般掘进矸石占原煤产量的 10% 左右，选煤矸石占入选原煤量的 12% ~ 18%。

煤矸石分类方法很多，从煤矸石作为充填物料的工程应用角度，其分类方法主要有以下几种。

（1）按煤矸石来源可划分为掘进矸石和洗选矸石两大类。掘进矸石即通常所称的"矿井白矸"，它主要是由煤矿巷道掘进中产生的大量岩块组成。洗选矸石一般是由工作面采出的夹矸及小量顶底板岩石经原煤洗选分离后排出，通常称为"黑矸"。掘进矸石的力学性质最优，而洗选矸石较均匀，含水量较大。

（2）按煤矸石自燃性质划分为可燃煤矸石和不可燃煤矸石，可燃煤矸石又进一步划分为已燃煤矸石、半燃煤矸石和未燃煤矸石三种。资料表明，煤矸石的物理力学性质与煤矸石的燃烧程度有很大关系，已燃煤矸石危险性最小，粒度均匀，利用方便，而半燃煤矸石利用较困难。

（3）按煤矸石风化程度划分为未风化、微风化、中等风化及完全风化等，风化是煤矸石的普遍特性，风化程度取决于煤矸石的成分、煤矸石暴露时间长短及大气气候条件等。

（4）按煤矸石化学组成或矿物组成划分，这类分类方法主要用于煤矸石的加工利用方面。

按煤矸石中全硫的低、中、中高、高划分为四个类别，低硫煤矸石 $w(T.S) \leqslant 1.00$，中硫煤矸石 $1.00 < w(T.S) \leqslant 3.00$，中高硫煤矸石 $3.00 < w(T.S) \leqslant 6.00$，高硫煤矸石 $w(T.S) \geqslant 6.00$。

按灰分产率分类，煤矸石按灰分产率的低、中、高划分为三个类别，低灰煤矸石 $A_d \leqslant 70.00\%$，中灰煤矸石 $70.00 < A_d \leqslant 85.00$，高灰煤矸石 $A_d > 85.00$。

按灰成分分类，煤矸石类型以钙硫含量划分，钙硫含量 $w(CaO + MgO) >$

10%为钙镁型煤矸石，其余为铝硅型煤矸石。其中铝硅型煤矸石按硅铝比含量的低、中、高划分为三个等级，低级硅铝比煤矸石 $m(Al_2O_3)/m(SiO_2) \leqslant 0.30\%$，中级硅铝比煤矸石 $0.30 < m(Al_2O_3)/m(SiO_2) \leqslant 0.50\%$，高级硅铝比煤矸石 $0.50 < m(Al_2O_3)/m(SiO_2)$。

按照岩石种类的不同，煤矸石可以分为岩质页岩煤矸石、泥质页岩煤矸石和砂质页岩煤矸石。

按来源分类。根据煤矸石的产出方式即来源可以将煤矸石分为洗矸、煤巷矸、岩巷矸、手选矸和剥离矸，有的研究中将自燃矸也作为按来源分类中的一类。

（1）洗矸。从原煤洗选过程中排出的尾矿称为洗矸。洗矸的排量集中，粒度较细，热值较高，黏土矿物含量较高，碳、硫和铁的含量一般高于其他各类矸石。

（2）煤巷矸。煤矿在巷道掘进过程中，凡是沿煤层的采、掘工程所排出的煤矸石，统称煤巷矸。煤巷矸主要是由采动煤层的顶板、夹层与底板岩石组成，常有一定的含碳量及热值，有时还含有共伴生矿产。

（3）岩巷矸。在煤矿建设与岩巷掘进过程中，凡是不沿煤层掘进的工程所排放出的煤矸石，统称岩巷矸。岩巷矸所含岩石种类复杂，排出量较为集中，其含碳量较低或者不含碳，所以无热值。

（4）手选矿。混在原煤中产出，在矿井地面或选煤厂由人工拣出的煤矸石称为手选矿。手选矿具有一定的粒度，排量较少，主要来自所采煤层的夹矸，具有一定的热值，与煤层共伴生的矿产业往往一同被拣出。

（5）剥离矸。煤矿在露天开采时，煤系上覆岩层被剥离而排出的岩石，统称为剥离矸。其特点是所含岩石种类复杂，含碳量极低，一般无热值，目前主要是用来回填采空区或填沟造地等，有些剥离矸还含有伴生矿产。

（6）自燃矸。自燃矸也称为过火矸，是指堆积在矸石山上经过自然后的煤矸石。这类矸石（渣）原岩以粉砂岩、泥岩与碳质泥岩居多，自燃后除去了矸石中的部分或全部碳，其烧失量较低，颜色与煤矸石原岩中的化学组成有关，具有一定的火山灰活性和化学活性。

按自然存在状态分类。在自然界中，煤矸石以新鲜矸石（风化矸石）和自燃矸石两种形态存在，这两种矸石在内部结构上有很大的区别，因而其胶凝活性差异很大。

（1）新鲜矸石。风化矸石是指经过堆放，在自然条件下经风吹、雨淋，使块状结构分解成粉末状的煤矸石。该种煤矸石由于在地表下经过若干年缓慢沉积，其结构的晶型比较稳定，其原子、离子、分子等质点都按一定的规律有序排列，活性也很低或基本上没有活性。

（2）自燃矸石是指经过堆放，在一定条件下自行燃烧后的煤矸石。自燃矸石一般呈陶红色，又称红矸。自燃矸石中碳的含量大大减少，氧化硅和氧化铝的含量较未燃矸石明显增加，与火山渣、浮石、粉煤灰等材料相似，也是一种火山灰质材料。自燃矸石的矿物组成与未燃矸石相比有较大的差别，原有高岭石、水云母等黏土类矿物经过脱水、分解、高温熔融及重结晶而形成新的物相，尤其生成的无定形 SiO_2 和 Al_2O_3，使自燃煤矸石具有一定的火山灰活性。

3.3.2 煤矸石的工艺流程

煤矸石是煤炭开采与加工过程中废弃的岩石，排放量一般占原煤产量的 15%～20%。产生的途径有以下三种。

掘进矸石是在井筒与巷道掘进过程开凿排除的，占矸石总量的45%，在采煤和煤巷掘进过程中，由于煤层中夹有矸石或削下部分煤层顶底板，使运到地面中煤炭含有的原矸，占矸石总量的35%。由洗煤厂产生的洗矸，以及少量的人工挑选的拣矸，占矸石总量的20%，洗煤工艺流程见图3-6。

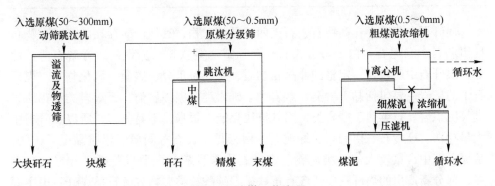

图 3-6 洗煤工艺流程

我国煤矸石主要分布在山西、内蒙古、陕西、河北、新疆一带，其中以山西、内蒙古储存量最大。煤矸石的产地分布和原煤产量有直接关系。目前，我国煤矸石主要产生在北方，年产矸石量超过 400 万吨的地区有东北、内蒙古、山东、河北、陕西、山西、安徽、河南和新疆等。

3.3.3 煤矸石的化学成分分析

煤矸石的化学成分和黏土相似。煤矸石的主要化学成分为硅和铝的氧化物，不同种类的煤矸石其化学成分有很大的差异，如表3-20所示。此外，还含有微量元素和稀有元素 Ga、Be、Co、Cu、Mn、Mo、Ni、Pb、V、Zn、In、Bi 等，有的还含有放射性元素。

表 3-20   煤矸石的化学成分   （%）

煤矸石种类	$w(SiO_2)$	$w(Al_2O_3)$	$w(Fe_2O_3)$	$w(CaO)$	$w(MgO)$	$w(SO_2)$	烧失量
岩质页岩	45~63	17~23	0.5~7.5	0.5~7.5	0.6~1.3	0~5	20~45
泥质页岩	40~60	44~55	9~25	9~25	1~5	0.3~7	10~28
砂质页岩	6~15	45~52	14~21	14~21	2~6	2~4	6~15

煤矸石的成分、性质随其生成条件等条件的不同而存在很大差异，必须因地制宜根据当地条件选择利用途径和技术。我国部分产区的典型煤矸石工业分析结果如表 3-21 所示。

表 3-21   煤矸石的主要成分分析结果   （%）

煤矸石来源	水分	灰分	挥发分	固定碳	硫
贵州织金矿区	1.61	69.88	12.03	18.10	9.73
四川筠连矿区	1.49	64.39	3.50	—	0.29
山西高阳矿区	1.54	76.44	12.76	10.88	1.84
重庆天府三矿	0.94	70.20	16.22	13.56	3.06

煤矸石中普遍存在高岭石、石英两种晶相矿物，其他可能存在的晶相矿物包括伊利石、绿泥石、白云母、长石、黄铁矿、菱铁矿、赤铁矿、方解石等。此外，煤矸石中还包含一定量的非晶相物质，主要是水分、碳质、风化物等。煤矸石中的矿岩主要包括黏土岩类、砂岩类、砾岩类、碳酸岩类、石灰岩类和铝质岩类等沉积岩。石英属于砂岩类，因其抗风化能力很强，不易分解，所以在矸石中大量存在。高岭石、伊利石、绿泥石、白云母、长石等同属于铝质黏土类矿物，是煤矸石中含量较大的一类矿物。煤矸石中含铁矿物主要以菱铁矿和赤铁矿存在，部分新产出的煤矸石中还含有黄铁矿。碳酸盐类矿物方解石是煤矸石中主要的含钙矿物。

3.3.4   煤矸石的特性

3.3.4.1   煤矸石的物理性质

泥质页岩：深灰色或灰黄色，水云母黏土页岩状结构，不完全解理，质软，受大气作用和日晒雨淋后，易崩解，易风化，加工中易粉碎。炭质页岩：黑色或黑灰色，水云母含炭质黏土页岩，层状结构，表面有油脂光泽，不完全解理，受大气作用后易风化，其风化程度稍次于泥质页岩，易粉碎。砂质页岩：深灰色或灰白色，含泥质、炭质、石英粉砂岩，结构较泥质页岩和炭质页岩粗糙而坚硬，极不完全解理，出井时块度较其他页岩大，在大气中风化较慢，加工中难以粉碎。砂岩：黑灰色或深灰色，含泥质、炭质、石英粉砂岩，结构粗糙而坚硬，出井时一般为椭圆形，在大气中基本不风化，难以粉碎。石灰岩：灰色，结构粗糙而坚硬，较砂岩性脆，出井时，块度较大，在大气中一般不易风化。

发热量是煤矸石最重要的质量指标，是煤矸石作为能源的使用价值高低的体现。一般煤矸石的发热量的大小随着挥发分和固定碳含量的增加而增加，随灰分的增加而降低。我国煤矸石的发热量一般在 3347.2 ~ 6276kJ/kg。低发热量煤矸石是指发热量在 2092kJ/kg 以下的矸石，中发热量矸石是指发热量在 3347.2 ~ 8368kJ/kg 的矸石，高发热量矸石是指发热量大于 8338kJ/kg 的矸石，低发热量矸石用做一般建材原料，中发热量以上矸石用做沸腾炉的燃料，高发热量矸石可进行气化。

矸石在某种气氛下加热，随着温度的升高，产生软化、熔化现象，称为熔融性。在规定的条件下测得的随着加热温度而变化的煤矸石灰堆变形、软化和流动的特性，称为"灰熔点"。煤矸石的灰熔点的高低影响到矸石利用的工艺与流程。根据熔融特性可分为难容矸石（灰熔点为 1400 ~ 1450℃）、中容矸石（灰熔点为 1250 ~ 1400℃）和易容矸石（灰熔点为 <1250℃）

矸石的可塑性是指在矸石粉和适当比例的水混合均匀制成任何几何性状，当除去应力后泥团能保持该形状，这种性质称为可塑性。矸石可塑性大小主要和矿物成分、颗粒表面所带离子、含水量及细度等因素有关。按可塑性分为低可塑性矸石（可塑性小于 1）、中等可塑性矸石（可塑性为 7 ~ 15）和高可塑性矸石（可塑性大于 15）。

3.3.4.2 煤矸石的活性

煤矸石的活性依赖于煤矸石煅烧温度和制品的养护条件。煤矸石中含有大量的化学组分，各种成分的含量不同以及各成分之间的比例不同都对煤矸石的活性产生了不同程度的影响。（1）氧化硅是煤矸石中的主要组分之一，它对于煤矸石玻璃体结构的形成有很大的作用。但在煤矸石中二氧化硅的含量一般偏高，得不到足够的 MgO、CaO 来与之化合，所以含量偏多时往往影响了煤矸石的活性。特别当氧化硅存在于结晶矿物中时，更影响了煤矸石的活性。（2）氧化铝也是决定煤矸石活性的主要因素。氧化铝含量相对较低时，活性较好。（3）氧化钙是煤矸石的主要成分之一，其含量越高，矸石的活性越大，因为 CaO 易与氧化硅在遇水时反应生成 C_2S 多等矿物组分，提高系统的反应能力，所以在将煤矸石应用于建材行业时要求 CaO 含量适当高一些。（4）氧比铁在煤矸石中含有一定的量。Fe_2O_3 能在煤矸石冷却过程中形成大量铁酸盐矿物和中间相，提高煤矸石活性，所以 Fe_2O_3 含量越高煤矸石的活性越强。（5）氧化镁。在煤矸石中大多数的镁呈稳定的化合状态存在。MgO 能促使煤矸石玻璃化，有助于形成显微不均匀结构，但 MgO 若含量偏高且以方镁石形态存在，则会因水化而使体积膨胀，导致制品安定性不良，所以，MgO 的含量太多时会影响煤矸石的应用。

3.4　工业副产石膏的分类与特征

3.4.1　工业副产石膏的分类

工业副产石膏也叫化学石膏，是指工业生产中产生的以硫酸钙（主要为二水硫酸钙）为主要成分的工业副产品。目前，我国工业副产石膏主要包括磷石膏、脱硫石膏、钛石膏、废陶瓷模具石膏、芒硝石膏、氟石膏、盐石膏、柠檬石膏等。

（1）磷石膏是用硫酸分解磷矿萃取磷酸（又称湿法磷酸）过程中产生的副产品，因我国湿法磷酸生产主要采用"二水法"工艺，因此磷石膏主要成分是二水硫酸钙，有时含有少量的半水硫酸钙（$CaSO_4 1/2H_2O$）和无水硫酸钙（$CaSO_4$）。磷石膏呈灰色或灰黑色粉末状，一般含有 10% ~ 25% 附着水；细粒径 0.045 ~ 0.250mm；呈酸性，$pH = 2.5 ~ 5.0$；化学杂质成分复杂，主要是含少量磷酸残液（可溶性 P_2O_5）、酸不溶物、氟化合物和其他杂质成分等。磷石膏晶体一般呈针状、板状、密实晶体及多晶核四种。我国磷矿中重金属和放射性元素含量很低，因此磷石膏中重金属和放射性物质很低，其放射性核素限量都符合《建筑材料放射性核素限量》（GB 6566—2010）国家标准。受我国各地磷矿成分变化较大的影响，不同地区磷石膏的组分及杂质含量不尽相同。磷石膏中的杂质会对某些磷石膏制品的质量产生一定的影响，需要对其进行预处理来消除或弱化这些不良影响。脱硫石膏是采用石灰石/石灰–石膏湿法脱硫技术对含硫烟气进行脱硫净化处理而产生的以二水硫酸钙（$CaSO_4 \cdot 2H_2O$）为主要成分的工业副产品。脱硫石膏的主要物理、化学性能与天然石膏非常相近，但作为工业副产石膏，具有一些化学石膏的特性。它呈松散细小的颗粒状，含有 8% ~ 12% 的附着水，颗粒级配较为集中，D50 颗粒一般为 60 ~ 90μm，$pH = 5 ~ 9$，正常晶体一般呈短柱状，工艺不正常时也呈球状、片状，正常产品颜色近乎白色微黄，脱硫工艺不稳定时呈灰黑色。

（2）脱硫石膏的杂质主要来源于吸收剂和未反应完全的吸收剂以及烟灰焦炭等。脱硫石膏中含有 Mg、K、Na、Cl 等水溶性元素（俗称杂质），其含量过高会影响脱硫石膏制品的质量。脱硫石膏的重金属含量和放射性含量都很低，其放射性核素限量都符合《建筑材料放射性核素限量》（GB 6566—2010）国家标准。

（3）钛石膏是采用硫酸酸解钛铁矿生产钛白粉时，加入石灰或电石渣以中和大量的含硫酸根的酸性废水，而产生的以二水硫酸钙为主要成分的工业副产品。含有一定的硫酸铁，附着水含量30% ~ 50%，黏度大。颜色初期呈灰褐色，置于空气中由于铁被氧化而逐渐变成红色，又称红泥、红石膏。用作水泥缓凝剂时，硫酸亚铁含量高会降低水泥强度。

（4）陶瓷模具石膏在使用若干次后因模具表面损坏而报废，成为废陶瓷模具石膏。废陶瓷模具石膏主要成分为二水硫酸钙，自由水含量一般在 5% ~ 8%，有时会含有一些外加剂、陶瓷泥浆材料及其他填料，通常呈块状。

（5）芒硝石膏是由芒硝和石膏共生矿萃取硫酸钠或用钙芒硝生产芒硝排出的副产品。芒硝石膏主要成分为二水石膏，其次为石英、无水石膏、白云石、伊利石和芒硝；一般含有 15% ~ 25% 左右的附着水；细度一般为 200 目，筛余 20% 左右，呈膏糊状；因生产工艺不同而呈现不同的颜色，一般呈黄褐色或淡棕色；主要杂质成分为芒硝，其含量高会影响石膏制品的性能。

（6）氟石膏是氟化盐厂利用萤石和浓硫酸制取氢氟酸后的废渣，绝大部分为无水石膏，含有一定量的氟化钙及少量二氧化硅、三氧化二铝、三氧化二铁和微量的钾、钠等杂质；新排出的氟石膏呈灰白色粉末状，晶体细小，一般为几微米到几十微米。在有水条件下，无水氟石膏堆放三个月左右，可基本转化为二水石膏。在新排出的氟石膏中，常伴有未反应的 CaF_2 和 H_2SO_4。H_2SO_4 含量较高时需要用石灰中和或加铝土矿中和。氟石膏的放射性核素限量都在《建筑材料放射性核素限量》（GB 6566—2010）国家标准的规定值之内。

（7）盐石膏是在制盐过程中生产的以二水硫酸钙为主要成分的工业副产品。一般含有 10% ~ 20% 的附着水，呈膏糊状；一般呈白色或灰白色；晶体呈柱状、菱形状；伴有 Mg^{2+}、Al^{3+}、Fe^{3+} 等无机盐类和泥沙。

（8）柠檬酸石膏是用钙盐沉淀法生产柠檬酸时产生的以二水硫酸钙为主要成分的工业副产品。一般含有 40% 左右的附着水；大部分细粒径小于 $40\mu m$；呈酸性，pH = 2.0 ~ 6.5；因生产工艺不同而呈现不同的颜色，有白灰色、白色等；主要杂质成分为少量的柠檬酸钙和柠檬酸。

3.4.2 工业副产石膏的工业流程

2010 年我国工业副产石膏总排放量为 1.43 亿吨，与 2009 年相比提高了 21%，2010 年平均综合利用率约为 41%，与 2009 年相比提高了 3%。其中磷石膏排放量约为 6200 万吨，综合利用率为 20%；脱硫石膏约为 5230 万吨，综合利用率为 69%；其他工业副产石膏排放量约为 2900 万吨，综合利用率约为 43.9%。2011 年我国工业副产石膏总排放量达到 1.69 亿吨，与 2010 年相比提高了 17.6%，其中磷石膏 6800 万吨，同比增长 9.7%，脱硫石膏 6770 万吨，同比增长 29.4%，其他工业副产石膏 3284 万吨，同比增长 13.2%。工业副产石膏的综合利用量为 7789 万吨，综合利用率为 46.2%。2011 年水泥缓凝剂仍然是工业副产石膏最主要的利用渠道，其利用量为 5400 万吨，占当年工业副产石膏总利用量的 69.3%；纸面石膏板消耗工业副产石膏 1500 万吨，占本年度工业副产石膏总利用量的 193%；粉刷石膏、石膏砌块、空心条板、陶瓷模具、石膏填充等其他石膏产品消耗工业副产石膏约为 889 万吨，其利用量约占当年工业副产石膏总利用量的 11.4%。截止到 2011 年年底，工业副产石膏的累计堆存量已将近 5 亿吨。

2011 年，我国磷石膏排放除北京、天津、上海、吉林、黑龙江、海南、西藏、新疆等地区外，其余地区均有磷石膏排放。排放量前五名的省份分别是湖北、云南、贵州、山东和安徽，五省的磷石膏排放量占全国磷石膏排放总量的 76.9%。脱硫石膏排放以华北地区为最，华东次之，华南、西南、西北依次减少，东北相对较少。脱硫石膏综合利用差异较大。京津冀、珠三角及长三角等地区脱硫石膏综合利用率高，而内蒙古、西南、西北等地区燃煤电厂脱硫石膏产生量综合利用率较低。其他工业副产石膏如钛石膏排放量主要集中在华南、华东、西南地区；废陶瓷模具石膏产生地主要集中在华南地区，华北地区、华东地区也有一定的排出量，其中河南、广东、山东、湖南、湖北、江西等省份排放量最大；盐石膏主要集中在华东沿海，华北地区、华南地区、西北地区也有一定的排出量。山东、江苏、河北、辽宁、天津等排放量较大；柠檬酸石膏主要集中在山东、安徽、江苏、湖北四省份的排放量约占柠檬酸石膏总排放量的 80% 以上。图 3-7 以贵州某公司为例简要介绍典型磷石膏生产企业工艺流程。

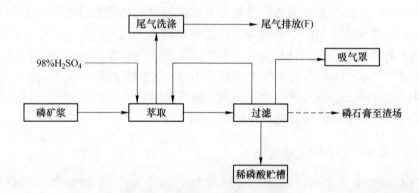

图 3-7   生产工艺及排污节点图

3.4.3   工业副产石膏的化学成分分析

工业副产石膏的化学成分分析见表 3-22。

表 3-22   工业副产石膏的化学成分   （%）

成分	$w(SO_3)$	$w(CaO)$	$w(SiO_2)$	$w(Al_2O_3)$	$w(Fe_2O_3)$	$w(MgO)$	$w(P_2O_5)$	$w(CaF_2)$	$w(Na_2O)$	$w(TiO_2)$
脱硫石膏	35.0 ~ 47.0	31.0 ~ 45.0	1.5 ~ 6.0	0.1 ~ 2.2	0.1 ~ 1.2	0.2 ~ 0.7				
磷石膏	32.1 ~ 45.7	21.9 ~ 34.4	1.5 ~ 8.0	0.6 ~ 1.1	0.1 ~ 0.6	0.1 ~ 0.6	0.5 ~ 1.8			

成分	$w(SO_3)$	$w(CaO)$	$w(SiO_2)$	$w(Al_2O_3)$	$w(Fe_2O_3)$	$w(MgO)$	$w(P_2O_5)$	$w(CaF_2)$	$w(Na_2O)$	$w(TiO_2)$
柠檬酸石膏	35.0 ~ 47.0	26.2 ~ 34.7	0.9 ~ 2.7	0.1 ~ 2.4	0.2 ~ 0.5	0.1 ~ 0.6				
氟石膏	35.0 ~ 45.0	30.5 ~ 40.4	0.5 ~ 12	0.1 ~ 2.7	0.1 ~ 0.3	0.1 ~ 0.5		2.2 ~ 6.8		
芒硝石膏	25.5 ~ 28.0	24.5 ~ 28.8	12	3.5 ~ 5.5	1.4 ~ 2.0	0 ~ 0.5			0.5 ~ 0.7	
盐石膏	25.0 ~ 44.2	21.4 ~ 37.4	5.2 ~ 11.0	0.1 ~ 2.5	0.1 ~ 1.0	1.0 ~ 2.0				
钛石膏	32.3 ~ 41.0	20.4 ~ 29.1	0.5 ~ 7.5	0.8 ~ 4.7	4.1 ~ 10.5	1.2 ~ 10.8				1.0
废陶瓷模具石膏	43.0 ~ 48.0	39.0 ~ 41.0	0.3 ~ 1.2	0.1 ~ 0.5	0 ~ 0.2	0 ~ 0.1				

脱硫石膏、废陶瓷模具石膏品位较高，SO_3 含量基本稳定在 35% 以上。氟石膏、柠檬石膏、钛石膏次之，SO_3 含量在 30% 以上，磷石膏、芒硝石膏、盐石膏品位较低，且成分波动较大。不同种类的工业副产石膏杂质种类也不尽相同。磷石膏中的杂质以磷酸盐为主，其中 P_2O_5 含量在 0.5% ~ 1.8%，杂质含量较高且波动很大，这在一定程度上增大了磷石膏的综合利用难度；脱硫石膏中的杂质含量相对较低，且以硅酸盐类矿物为主，其中 SiO_2 的含量约为 1.5% ~ 6.0%；氟石膏中杂质主要是 CaF_2，含量约为 2.15% ~ 6.8%，氟石膏通常呈强酸性，不能直接堆弃放置，需要利用生石灰进行中和；芒硝石膏中会含有一部分残余的 Na_2SO_4，其 Na_2O 含量约为 0.5% ~ 0.7%，Na_2SO_4 含量过高，对石膏容易产生促凝，降低早期强度，产生盐析，导致后期收缩加大等不利影响；盐石膏的主要成分是二水硫酸钙，并含有 Mg^{2+}、Al^{3+}、Fe^{3+} 以及泥沙等，与其他种类的石膏相比，其 Cl 含量较高，在用作水泥缓凝剂和建筑制品时应注意；钛石膏呈弱酸性，主要杂质是硫酸亚铁、硫酸镁和少量的钛盐，其中 Fe_2O_3 含量约为 4.1% ~ 10.5%、MgO 含量约为 1.2% ~ 10.8%，TiO_2 含量约为 1.0% ~ 2.3%，在用作水泥缓凝剂时，如果这些杂质的含量过高会对水泥的安定性和强度产生一定的影响；陶瓷模具石膏杂质含量相对较低，除了在生产过程中表面粘有的少量陶瓷泥坯之外基本不含其他杂质，因此其绝大多数都能够得到有效利用。

3.4.4 工业副产石膏的特性

脱硫石膏作为石膏的一种，其主要成分和天然石膏一样，都是二水硫酸钙。

作为工业副产品的化学合成石膏，同时又具有同其他化学石膏一样的特性：具有较高的游离水、松散的细小颗粒、具有多种杂质成分。但由于脱硫石膏的生产工艺，其中所含的杂质成分多为无机、难溶的矿物类杂质，大多均对石膏的加工及应用没有较大影响，因此，在所有的化学石膏中，脱硫石膏产生效益最为容易，而且由于其自身的品位较高（$CaSO_4 \cdot 2H_2O$ 含量可达 85%～95%），所得到的石膏产制品也均具有较高的性能，应用较好，很少储存堆放。

工业副产石膏由于其产生途径的不同，其成分、颜色、物理性能、杂质含量、杂质种类等都因其产生的工艺和原理而有所不同，但作为工业副产品或者说人工合成的石膏，它们都有以下一些共同特性：

（1）工业副产石膏大多都具有较高的附着水，呈浆体状或湿渣排出，一般其附着水的含量都在 10%～40%，个别的甚至更高；

（2）工业副产石膏粒径较细，粒径一般均在 5～300μm 之间，生产石膏粉时，可节省破碎、粉磨费用，会产生大量的粉尘，增加除尘的费用；

（3）工业副产石膏一般所含成分较为复杂，含有少量但对石膏水化硬化性能有较大影响的化学成分，pH 值呈酸或碱性而非中性，给化学石膏的有效利用带来较大难度；

（4）工业副产石膏产量都较大，在产生过程中，大多都高于其主产品的产量，如磷石膏近 2000 万吨/年，脱硫石膏也在大量增加；

（5）工业副产石膏大多都不能采用常规天然石膏处理工艺生产，利用难度较大，对环境有一定的污染，利用量极少，大多采用圈地堆放的方式处理。

3.5　赤泥的分类及特性

3.5.1　赤泥的分类

赤泥是制铝工业提取氧化铝时排出的污染性废渣，一般平均每生产 1t 氧化铝，附带产生 1.0～2.0t 赤泥。中国作为世界第四大氧化铝生产国，每年排放的赤泥高达数百万吨。

因氧化铝生产方法不同，可分为烧结法、联合法和拜耳法 3 种赤泥。具体来说，国外主要采用拜耳法工艺生产赤泥，而我国主要采用的是烧结法和联合法，但近年来新建的氧化铝厂多采用了拜耳法工艺。一般认为拜耳法赤泥是一种纯粹的废弃物，只有很少部分的烧结法赤泥和联合法赤泥可以利用于水泥的烧制工艺中。

（1）拜尔法赤泥。拜耳法冶炼氧化铝采用强碱 NaOH 溶出高铝、高铁、一水软铝石型和三水铝石型铝土矿，这个过程中，作为主要原料的铝矾土越过高温煅烧环节被直接用来溶解、分离、结晶、焙烧等工序得到氧化铝，溶解后分离出的

浆状废渣是拜耳法赤泥。采用拜尔法冶炼 1t 氧化铝，赤泥外排量平均为
1 ~ 1.1t。

（2）烧结法赤泥。烧结法冶炼氧化铝时，首先必须在原料铝矾土中配合一
定量的碳酸钠，然后在回转窑内经高温煅烧制成以铝酸钠为主要矿物的中间产
品，即铝酸钠熟料，再经溶解、结晶、焙烧等工序制取氧化铝，溶解后分离出的
浆状废渣便是烧结法赤泥。采用烧结法冶炼 1t 氧化铝，赤泥外排量平均为 0.7 ~
0.8t。

（3）混联法赤泥。混联法是拜耳法和烧结法的联合使用，混联法所用的原
料是拜耳法排出的赤泥，然后采用烧结法再制取氧化铝，最后排出的赤泥为烧结
法赤泥。

3.5.2 赤泥的工艺流程

下面以中国铝业股份有限公司广西分公司为例介绍产生赤泥的具体工艺
流程。

3.5.2.1 企业概况

该公司位于广西壮族自治区平果县新安乡，属于国有企业。2010 年产值
587354 万元，2009 年利税 93294.55 万元，职工人数 6830 人，环保管理人员 49
人。设计产能氧化铝 170 万吨，普通铝锭 10 万吨，阳极组装 8 万吨。2010 年实
际生产氧化铝 205.2 万吨，普通铝锭 114.6 万吨，阳极组装 6.9 万吨。

生产氧化铝的铝土矿为自有矿，原矿 Al_2O_3 含量 55.92%。2010 年消耗铝土
矿 448.6 万吨，碱使用量 24 万吨，产生系数 1.1（赤泥：产品）。

3.5.2.2 氧化铝生产工艺及赤泥产排污节点

生产工艺为拜尔法。该公司各类工艺流程图分别见图 3-8 ~ 图 3-12。

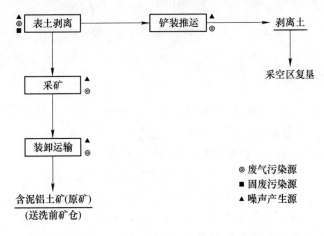

图 3-8　一期、二期工程铝土矿采矿工艺及排污节点图

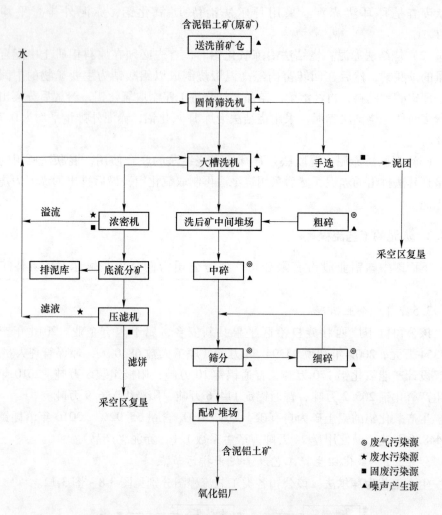

图 3-9　一期工程铝土矿洗矿工艺及排污节点图

3.5.3　赤泥的化学成分分析

　　赤泥的主要矿物为文石和方解石，含量为 60%～65%，其次是蛋白石、三水铝石、针铁矿，含量最少的是钛矿物、菱铁矿、天然碱、水玻璃、铝酸钠和火碱。其矿物组成复杂，且不符合天然土的矿物组合。

　　赤泥是一种不溶性的残渣，主要由细颗粒和粗颗粒组成，化学成分因铝土矿产地和氧化铝生产方法的不同而有所差异。烧结法赤泥的主要成分是：Ca_2SiO_4、$Na_2O \cdot Al_2O_3 \cdot 2SiO_2 \cdot nH_2O$，$3CaO \cdot Al_2O_3 \cdot 4SiO_2$（水化石榴石）、赤泥附液（含 Na_2CO_3 的水）。拜耳法赤泥的主要成分是：$Na_2O \cdot Al_2O_3 \cdot 2SiO_2 \cdot nH_2O$、

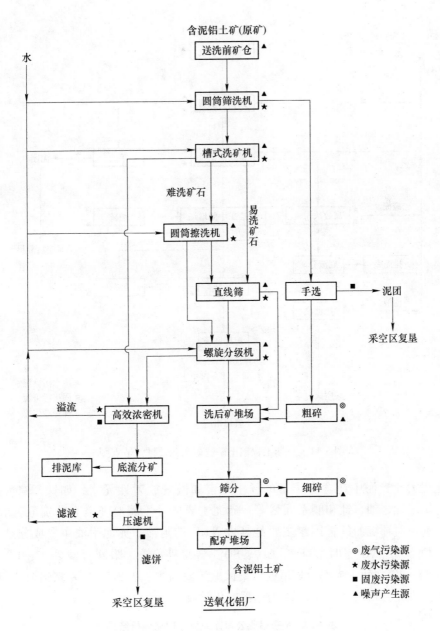

图 3-10 二期工程铝土矿洗矿工艺及排污节点图

$3CaO \cdot Al_2O_3 \cdot 4SiO_2$、$CaO \cdot Al_2O_3 \cdot 2SiO_2 \cdot nH_2O$、赤泥附液（含 Na_2CO_3 的水）。

　　赤泥主要组分是 SiO_2、CaO、Fe_2O_3、Al_2O_3、Na_2O、TiO_2、K_2O 等，此外还含灼减成分和微量有色金属等。由于铝土矿成分和生产工艺的不同，赤泥中成分

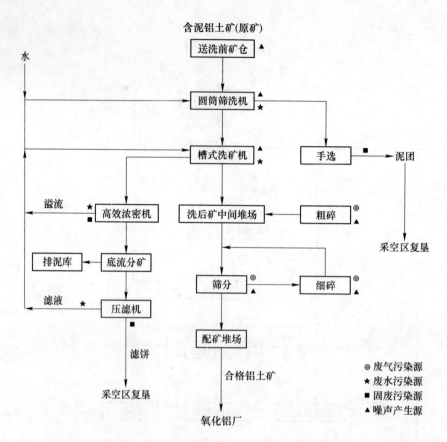

图 3-11　三期工程铝土矿洗矿工艺及排污节点图

变化很大。赤泥中还含有丰富的稀土元素和微量放射性元素，如铼、镓、钇、钪、钽、铌、铀、钍和镧系元素等。赤泥主要成分不属对环境有特别危害的物质，赤泥对环境的危害因素主要是其含 Na_2O 的附液。赤泥附液主要成分是 K、Na、Ca、Mg、Al、OH^-、F^-、Cl^-、SO_4^{2-} 等多种成分，附液含碱 2~3g/L，pH 值在 13~14 之间，赤泥对环境的污染以碱污染为主。表 3-23 是 8 家铝业公司赤泥样品理化分析结果，表 3-24 为赤泥的化学成分。

表 3-23　8 家铝业公司赤泥样品理化分析结果

企业名称	测试部位	元素含量（质量分数）/%											
		C	O	Na	Mg	Al	Si	S	Cl	K	Ca	Ti	Fe
	013	5.77	38.6	6.35		9.29	11	0.18			1.15	4.16	23.5
茌平信发华宇	014	28.25	37.67	4.54		6.45	4.03	0.25			0.68	2.33	15.8
	015	7.75	36.28	6.89		9.79	8.18	0.3			0.96	4.09	25.76

续表 3-23

企业名称	测试部位	元素含量（质量分数）/%											
		C	O	Na	Mg	Al	Si	S	Cl	K	Ca	Ti	Fe
中国铝业 山东分公司	016	2.08	41.54	0.22	0.2	4.21	5.04				36.69	1.3	8.72
	017	2.48	40.75	0.18	—	3.64	4.62				38.28	1.53	8.52
	018	2.35	39.71	0.1	0.15	3.94	5.05				38.33	1.29	9.08
中铝贵州分公司	040	4.93	40.92	5.62	0.53	8.11	7.81	1.27		1.44	18.6	2.83	7.94
	041	3.81	40.68	6.21	0.52	9.18	7.94	1.22		1.84	17.13	2.97	8.5
	042	5.54	42	5.94	0.53	9.49	8.21	1.05		1.66	14.17	3.63	7.78
山西鲁能 晋北铝业	043	5.95	42.99	16.08	0.18	9.81	8.41	0.38	0.15	0.32	8.12	2.22	5.39
	044	3.3	42.74	9	0.19	11.91	10.88	0.28	0.15	0.5	11.34	2.84	6.87
	045	4.58	41.76	8.78	0.2	11.93	10.37	0.34	0.17	0.56	11.54	2.85	6.92
山东魏桥	046	4.65	38.63	9.84		13.66	10.53	0.41		0.43	0.61	1.25	19.99
	048	8.48	40.34	9.58		12.45	10.23	0.31		0.46	0.49	0.87	16.79
	050	4.45	39.42	9.78		13.58	11.18	0.26		0.45	0.75	0.94	19.19
洛阳香江万基	051	4.66	42.99	6.63	0.88	12.55	10.91	0.58		1.89	10.27	2.27	6.37
	052	5.39	44.92	6.48	0.96	12.18	10.3	0.45		1.65	10.34	2.36	4.97
	053	3.43	42.68	6.54	0.86	12.86	11.47	0.43		2.36	9.72	2.63	7.02
三门峡开曼	054	6.4	45.78	0.15		23.47	15.93	0.38		2.78		2.1	3.01
	055	5.61	46.74	0.3		23.51	15.92	0.34		2.59		2.23	2.76
	056	5.56	47.74	0.17		24.69	14.92	0.18		2.65		2.18	1.91
广西平果铝业	057	5.13	36.85	5.84		8.16	5.73	0.35			10.25	4.55	23.14
	058	3.67	37.41	5.52		9.34	6.07	0.41			11.1	4.94	21.54
	059	3.18	35.31	5.8		8.38	5.42	0.41			9.89	4.88	26.73

注：040、041 与 042 代码为 SEM/EDS 所测试部位。

表 3-24　赤泥的化学成分　　　　　　　　　　　　（%）

名称	$w(Al_2O_3)$	$w(SiO_2)$	$w(Fe_2O_3)$	$w(Na_2O)$	$w(TiO_2)$	$w(K_2O)$	$w(CaO)$
碱石灰烧结法	5~7	19~22	8~12	2~2.5	2~2.5	0.5~0.73	44~48
联合法	5.4~7.5	20~20.5	6.1~7.5	2.8~3	2~2.5	0.5~0.73	44~47
拜耳法	13~25	5~10	21~37	0.6~3.7	6~7.7	0.5~0.73	15~31

3.5.4　赤泥的特性

3.5.4.1　赤泥的物理性质

赤泥是呈灰色和暗红色粉状物，颜色会随含铁量的不同发生变化，具有较大

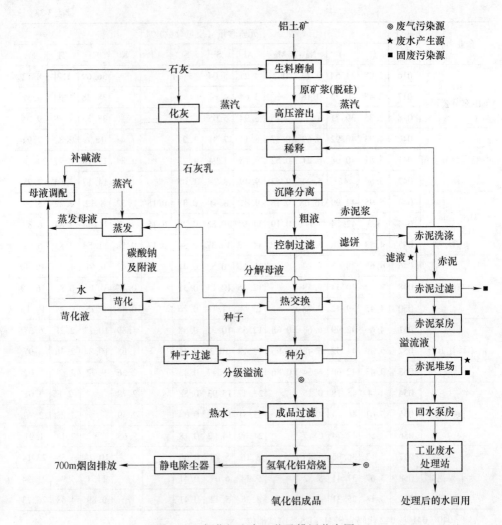

图 3-12 氧化铝生产工艺及排污节点图

内表面积多孔结构，密度 2840 ~ 2870g/m³；赤泥的含水量 86.01% ~ 89.97%，饱和度 94.4% ~ 99.1%，持水量 79.03% ~ 93.23%；塑性指数 17.0 ~ 30.0；粒径 d = 0.005 ~ 0.075mm 的粒组，含量在 90% 左右；比表面积 64.09 ~ 186.9m²/g，孔隙比 2.53 ~ 2.95。

赤泥的物理性质主要包括实测的塑性、颗分、表征紧密度以及含水程度等各项指标。

颗粒分析结果：d > 0.075nm 的粒组，含量在 5% 左右；d = 0.075nm ~ 0.005nm 的粒组，含量在 90% 左右；d < 0.005nm 的粒组，含量在 5% 以下。

赤泥的水理性质，主要包括渗透性、崩解性以及膨胀性，它主要受赤泥的物理组成及堆放后的演变所制约。

赤泥不仅含水量大，而且有持水特性，其持水量高达 79.03% ~ 93.2%，尤为特殊的是当振动时析水量仍为 5% ~ 14.93%。这意味着赤泥振动时会改变其结构，恶化其工程性能；也揭示了赤泥堆场赤泥堆积几十米深、堆放几十年之久，持水而难以固结，呈软塑—流塑淤泥质状态，强度很低、压缩性很高的原因。

赤泥虽然高孔隙、高含水，但干燥失水后不发生收缩，说明高含水不是亲水矿物存在的结果；同时，赤泥也无膨胀性。随干燥度的增加，明显发生硬化，表面有大量白色盐类沉淀并胶结。土样风干 45d，含水量虽有减少，但不收缩。

新堆积的赤泥，由于高含水，其值绝大多数大于液限，加之粉粒和砂粒为憎水性的文石和方解石，因此，新堆积的赤泥在振动作用下有发生液化的可能。

3.5.4.2　赤泥的化学性质

赤泥的 pH 值很高，其中，浸出液的 pH = 12.1 ~ 13.0，氟化物含量 11.5 ~ 26.7mg/L；赤泥的 pH = 10.29 ~ 11.83，氟化物含量 4.89 ~ 8.6mg/L。按 GB 5058—85 有色金属工业固体废物污染控制标准，因赤泥的 pH < 12.5，氟化物含量小于 50mg/L，故赤泥属于一般固体废渣。但赤泥附液 pH > 12.5，氟化物含量小于 50mg/L，污水综合排放划分为超标废水，因此，赤泥（含附液）属于有害废渣（强碱性土）。干赤泥浸出液 pH = 10.29 ~ 12.24，含氟浓度低于 15.6mg/L，结合危险废物及一般工业固体废物的鉴别标准，干赤泥不属于危险废物。但干赤泥浸出液中 pH > 9，超过Ⅰ类一般固体废物 pH 值（6 ~ 9）的范围，因此，干赤泥均属Ⅱ类一般固体废物。赤泥附液 pH = 11.05 ~ 13.2，分属危险废物和第Ⅱ类一般工业固体废物两类。排出赤泥附液的 pH > 12.5 的，应属危险废物，小于 12.5 的为第Ⅱ类一般工业固体废物。

3.6　冶炼渣的分类与特征

3.6.1　冶炼渣的分类

冶炼渣主要是有色金属冶炼渣、黑色金属渣和钢冶炼渣。有色金属渣是有色金属矿物在冶炼中产生的废渣，属冶金废渣的一种。有色金属冶炼渣按生产工艺可分四类：火法冶炼中形成的熔融炉渣、湿法冶炼中排出的残渣、冶炼过程中排出的烟尘和湿法收尘所得污泥。按金属矿物的性质，可分为重金属渣（如铜渣、铅渣、锌渣、镍渣等）、轻金属渣（如提炼氧化铝产生的赤泥）和稀有金属渣。黑色金属渣只有三种：铁渣、锰渣与铬渣。

钢渣在温度 1500 ~ 1700℃下形成，高温下呈液态，缓慢冷却后呈块状，一般为深灰、深褐色。有时因所含游离钙、镁氧化物与水或湿气反应转化为氢氧化物，致使渣块体积膨胀而碎裂；有时因所含大量硅酸二钙在冷却过程中（约为 675℃时）由 β 型转变为 γ 型而碎裂。如以适量水处理液体钢渣，能淬冷成粒。

钢渣按熔渣性质分为碱性渣和酸性渣；钢渣按碱度 $CaO/(SiO_2 + P_2O_5)$ 的高低分为低碱度钢渣、中碱度钢渣和高碱度钢渣；按钢渣的形态可分为块状钢渣、粉状钢渣和水淬粒状钢渣；钢渣按所用的炉型可分为电炉钢渣、平炉钢渣和转炉钢渣。电炉钢渣又可分为氧化渣和还原渣，平炉钢渣又可分为初期渣和末期渣（其中包括粗钢渣、精炼渣和浇钢余渣）。

我国 YB 2406—87 按锰含量不同将富锰渣分成以下几类，见表 3-25。

表 3-25   锰渣的分类

牌号		化学成分（质量分数）/%				
		Mn	Fe		P	
编号	代号	≥	一组	二组	一组	二组
			≤			
富锰渣 1	FMnZn 1	46	1.5	2.5	0.015	0.035
富锰渣 2	FMnZn 2	44	1.5	2.5	0.015	0.035
富锰渣 3	FMnZn 3	42	1.5	2.5	0.015	0.035
富锰渣 4	FMnZn 4	40	1.5	2.5	0.015	0.035
富锰渣 5	FMnZn 5	38	3		0.02	0.04
富锰渣 6	FMnZn 6	36	3		0.02	0.04
富锰渣 7	FMnZn 7	34	2	3	0.02	0.04

3.6.2   冶炼渣的工艺流程

我国是有色金属生产大国。据统计，我国有色冶金废渣的堆放量已达 $7438 \times 10^4 t$，占地 $865 \times 10^4 m^2$，而且还在以排放量约 $920 \times 10^4 t/a$ 的速度增加。有色金属冶炼渣中含量最多的渣是铜渣，铜冶炼方法主要分为火法炼铜和湿法炼铜两大类。火法炼铜是生产铜的主要方法，特别是硫化铜矿，主要采用火法工艺，其生产过程一般由以下几个工序组成：备料、熔炼、吹炼、火法精炼、电解精炼，最终产品为电解铜，火法炼铜也包括废杂铜的冶炼。湿法炼铜是在常温常压或高压下，用溶剂浸出矿石或焙烧矿中的铜，经过净液，使铜和杂质分离,然后用萃取－电积法，将溶液中的铜提取出来。对氧化矿和自然铜矿，大多数工厂用溶剂直接浸出；对硫化矿，通常先经焙烧，然后浸出。铜渣主要来自火法炼铜过程，其他铜渣则是炼锌、炼铅副产物。

钢渣主要来源：（1）钢铁料中的 Si、Mn、P、Fe 等元素的氧化产物；（2）冶炼过程中加入的造渣材料；（3）冶炼过程中被侵蚀的炉衬耐火材料；（4）固体料带入的泥沙。

冶炼渣的种类很多，包括有色金属冶炼渣和钢冶炼渣，如锰渣、铁渣、铜渣等，下面以重庆某锰业有限公司为例介绍锰渣工艺流程。

重庆某锰业有限公司 2002 年 4 月开始投建，2003 年正式投入生产，总投资 3000 万元，其中环保投资 400 多万元。企业总设计生产能力 12000t/a，年正常生产 300d，实现年工业总产值超 1 亿元。碳酸锰粉主要来源于秀山县钟灵乡钟灵山，据企业 47km，年消耗量 6 万余吨，平均品位在 16% 左右。

选用碳酸锰矿是作为最初的原材料，在制粉车间先用破碎机进行破碎，然后球磨机将矿石磨成粒度为 100 目的锰粉。合格的碳酸锰矿粉经计量后，通过下料斗加入浸取槽中，来自电解车间的阳极液（废电解液）由阳极液池进入浸取槽，硫酸由硫酸贮槽计量后慢慢的放入浸取槽。硫酸与碳酸锰矿粉反应生成硫酸锰溶液，再加入一定量的二氧化锰粉，利用其中二氧化锰粉的氧化性将 Fe^{2+} 转化成 Fe^{3+}，向浸取槽中加入氨水，将 Fe^{3+} 转化为氢氧化铁沉淀去除。用泵将化合车间产物送至压滤车间进行一次压滤，在硫化槽中加入福美钠（SDD）去掉重金属离子后，进行第二次压滤，在滤液中加入二氧化硒添加剂制得合格的电解液。在电解车间，一定的 pH 值范围内，经过通入直流电，在极板上浸出单质锰。经过钝化、漂洗、干燥、剥落，最后制成合格产品。

主要生产工艺流程见图 3-13。

铜火法冶炼渣的化学成分为：$w(Cu) = 0.3\% \sim 0.5\%$、$w(Fe) = 26\% \sim 27\%$、$w(SiO_2) = 33\% \sim 38\%$、$w(CaO) = 4\% \sim 10\%$、$w(Al_2O_3) = 2\% \sim 3\%$、$w(MgO) = 1.1\% \sim 5\%$，$w(Zn) = 2\% \sim 3\%$、$w(C) = 0.2\% \sim 0.5\%$。其主要矿物成分为铁橄榄石（$2FeO \cdot SiO_2$），其次有磁铁矿（$Fe_3O_4$）、玻璃体、硫化物等。炼铜炉渣主要成分是铁硅酸盐和磁性氧化铁，铁橄榄石（$2FeO \cdot SiO_2$）、磁铁矿（Fe_3O_4）及一些脉石组成的无定形玻璃体。机械夹带和物理化学溶解是金属在渣中的两种损失形态。一般而言，铜铁矿物形成斑状结构于铁橄榄石基体中，或数种铜矿物相嵌共生，钴、镍在渣中主要以氧化物形式存在。但由于其含量低，X 射线衍射无法确认其是否存在单独的矿物。扫描电镜能谱或 X 射线波谱分析可检测到钴、镍，主要分布在磁性铁化合物和铁的硅酸盐中，以亚铁硅酸盐或硅酸盐存在。

锰渣中主要含有 O、Si、S、Ca、Al、Fe、Mn、K、Mg、Na、Zn、Cr、P、Ni、Pb、Cd 等元素。将其中主要的元素折算成氧化物的形式，则锰渣的主要化学成分为：二氧化硅（SiO_2）、氧化钙（CaO）、三氧化二铝（Al_2O_3）、三氧化二铁（Fe_2O_3）、二氧化锰（MnO_2）和三氧化硫（SO_3）。锰渣中总锰的含量较高，为 3.86%，水溶性锰、碳酸锰和二氧化锰的含量分别为 1.89%、1.49%、0.47%。渣样品中含有的主要物相有 $CaSO_4 \cdot 2H_2O$、SiO_2 和 $MnCO_3$。

钢渣主要由钙、铁、硅、镁和少量铝、锰、磷等的氧化物组成。主要的矿物相为硅酸三钙、硅酸二钙、钙镁橄榄石、钙镁蔷薇辉石、铁铝酸钙以及硅、镁、铁、锰、磷的氧化物形成的固熔体，还含有少量游离氧化钙以及金属铁、氟磷灰

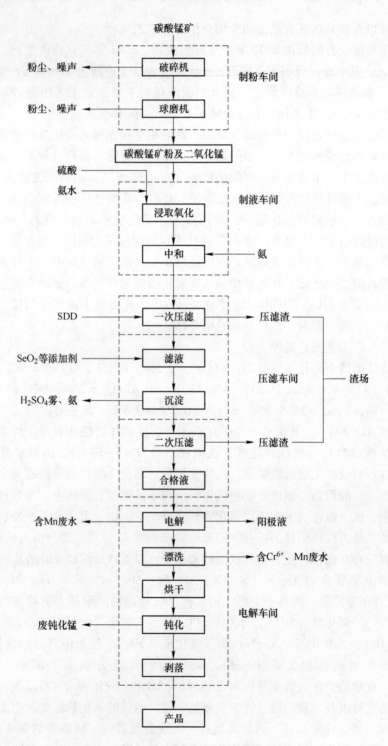

图 3-13　电解锰工艺流程图

石等。有的地区因矿石含钛和钒，钢渣中也稍含有这些成分。钢渣中各种成分的含量因炼钢炉型、钢种以及每炉钢冶炼阶段的不同，有较大的差异。

钢渣的主要化学成分与硅酸盐水泥熟料和高炉矿渣的化学成分基本相似，其含量依炉型、冶炼钢种的不同而异，化学成分主要为 CaO、SiO_2、MgO、Fe_2O_3、MnO、Al_2O_3 和 P_2O_5 等。此外，钢渣内还含有少量其他氧化物和硫化物，如 TiO_2、V_2O_5、CaS 和 FeS 等。CaO 是钢渣的主要成分之一；SiO_2 的含量决定了钢渣中硅酸钙矿物的数量；Al_2O_3 也是决定钢渣活性的主要成分，在钢渣中一般形成铝酸钙或硅铝酸钙玻璃体，对钢渣活性有利；MgO 的存在形式主要有化合态（钙镁橄榄石、镁蔷薇辉石等）、固溶体（二价金属氧化物 MgO、FeO、MnO 的无限固溶体，即 RO 相）和游离态（方镁石晶体）三种，以化合态存在的氧化镁不会影响钢渣水泥的长期安定性；P_2O_5 含量较低时，可以促进硅酸盐矿物的生成，P_2O_5 含量过高时，会与氧化钙和氧化硅反应生成钠钙斯密特石（$7CaO \cdot P_2O_5 \cdot 2SiO_2$），阻碍胶凝性矿物 C_3S 和 C_2S 等的生成。

3.6.3 冶炼渣的物理特性

铜渣呈黑色、致密的粒度和条状，有金属光泽，颗粒形状不规则，棱角分明。转炉渣外观呈现黑色和黑中透绿，性脆、坚硬、结构致密，密度为 $4 \sim 4.5t/m^3$。水淬铜渣是一种黑色、致密、坚硬、耐磨的玻璃相，棱角分明，密度为 $3.3 \sim 4.5t/m^3$，松散密度为 $1.6 \sim 2.0t/m^3$，孔隙度为 50% 左右，细度模数为 $3.37 \sim 4.52$。

锰渣粒径的分布主要集中在 $180\mu m$ 以下，小于 $180\mu m$ 颗粒占 79.39%，小于 $147\mu m$ 的颗粒占 66.71%，属于颗粒较细的工业废渣。锰渣为颗粒细小、黑色的粉末状固体废弃物，保水性好，平均含水量在 31.97%，若露天堆放经雨水冲刷，含水率更高，其浸出液 $pH = 5.9 \sim 6.6$。在对锰渣的浸出毒性及无害化处理的研究中发现，锰渣中含有 Hg、Cd、As、Pb 等第一类环境污染物，以及 Mn、Fe、Cu、Zn 等第二类环境污染物。喻旗等对锰渣浸出实验的检测指标包括总锰、总铅、总镉、总锌、总铜、总砷和总汞的含量，结果表明废渣浸出液中主要污染物均低于《危险废物鉴别标准浸出毒性鉴别》（GB 5085.3—1996）中的浸出毒性鉴别值，锰渣属一般工业固体废物（Ⅱ类）。

钢渣通常含水率为 $3\% \sim 8\%$。平炉钢渣密度略小，孔隙稍多，稳定性要好一些。钢渣利用处理后的钢渣一般呈灰黑色，硬密实，含碱量高时呈浅白色。由于钢渣含铁较高，因此比高炉渣密度高，一般为 $3.1g/cm^3$。钢渣容重不仅受其密度影响，还与粒度有关。通过 80 目标准筛的渣粉，平炉渣为 $2.17g/cm^3$，电炉渣为 $1.629g/cm^3$ 左右，转炉渣为 $1.74g/cm^3$ 左右。由于钢渣致密且含有较多的铁，因此较耐磨。易磨指数：标准砂为1，高炉渣为0.96，而钢渣为0.7，钢渣比高炉渣要耐磨。

3.7　电石渣的分类与特征

电石渣是电石水解获取乙炔气后的以氢氧化钙为主要成分的废渣。乙炔（C_2H_2）是基本有机合成工业的重要原料之一；以电石（CaC_2）为原料，加水（湿法）生产乙炔的工艺简单成熟，目前在我国占较大比重。1t电石加水可生成300kg以上的乙炔气，同时生成10t含固量约12%的工业废液，俗称电石渣浆。

3.7.1　石渣的工艺流程

电石生产包括石灰生产、炭材干燥和电石生产单元。采用大型机械化混烧窑生产石灰，回转干燥器干燥碳素材料，改型Elkem Ⅰ型大型密闭电石炉生产电石，电石炉气净化采用直接燃烧法炉气利用技术。电石生产主要反应是碳化钙生成反应，电石生产包括炭材干燥、配料、碳化钙生成反应、出料、冷却、破碎及炉气处理等过程，见图3-14。

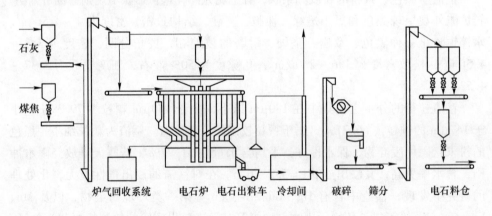

图 3-14　电石渣工艺流程

3.7.2　石渣的化学成分分析

电石渣的主要成分是$Ca(OH)_2$，其他化学成分的质量分数范围见表3-26。

表 3-26　电石渣的化学成分　　　　　　　　　　　　　　　　（%）

成分	$w(CaO)$	$w(Al_2O_3)$	$w(SiO_2)$	$w(Fe_2O_3)$	$w(MgO)$
含量	65~71	1.5~4	2~5	0.2~0.14	0.22~1.68

3.7.3 电石渣的特性

电石渣在刚排出时含水率非常高，达到 85% ~ 90%，在灰坝沉淀堆积以后，水分可以降到 50% 以下，干燥后呈灰白色，颗粒细小且均匀，粒度在 0.05 ~ 0.01mm 范围内，比重小而结构松散。由于电石渣含有大量 $Ca(OH)_2$，因此电石渣及渗滤液呈强碱性，碱度为 3000mmol/L 左右，渣液 pH 值在 12 以上。

4 大宗工业固废的综合利用

4.1 尾矿的综合利用

尾矿虽是选矿、冶炼过程中产生的废弃物，但也是潜在的二次资源，在资源日益匮乏、金属价格不断上涨的今天，尾矿具有很大的重新利用价值。另一方面，很多老尾矿库已经或者即将达到使用年限。可见，尾矿的综合利用不仅是节能环保的要求，也是提高矿山企业竞争力，实现经济效益和社会效益的必然选择。尾矿的综合利用主要包括以下几个方面：（1）尾矿作为二次资源再选，回收其中的有价金属元素；（2）用作建筑材料；（3）农业上作为微量元素肥料及土壤改良剂；（4）利用尾矿复垦造地。

4.1.1 在建筑行业方面的应用

4.1.1.1 墙体材料

国家在墙改政策中提出"禁止毁田制砖，保护土地资源，保护生态环境"的口号时，特别明确地指出自 2003 年 6 月 30 日起，在 170 个城市禁止生产和使用黏土实心砖，这样使得传统的墙体材料面临一场深刻的革命。长期以来，我国墙体材料一直以黏土烧结为主，而黏土占有大量农田，这已经引起社会各界的高度重视。随着工业化程度的提高，各种工业废渣日益增多，以粉煤灰、煤矸石、铁尾矿等生产墙体材料的研究工作在我国陆续开展起来，目前研究较多的是蒸养砖、烧结砖和免烧砖三个类型。利用尾矿研制生产蒸养砖鞍钢矿山公司大孤山选矿厂，自 1979 年就开始以尾矿为主要原料进行尾矿砖的试验研究并于 1980 年生产出第一批尾矿砖，该砖原料以含铁的尾矿为主，加入适量 CaO 活性材料，经一定工艺制得。这类砖与普通黏土砖相比较，表面平整光洁，因而增大了砌体中的有效承压面，减少了局部应力集中，对提高砌体强度有利；但另一方面，由于其表面光洁，影响了其与砂浆的黏结力，因而降低了砌体的抗拉、抗剪强度，使砌体抵抗横向变形能力减小。实验结果表明，尾矿砖砌体的轴心抗压极限强度和开裂强度都高于同条件下普通黏土砖砌体的强度，而且粉煤灰砖砌体的压缩变形小于黏土砖砌体，因此这项技术也受到了许多铁矿山的青睐。

4.1.1.2 利用尾矿研制生产砖

烧结砖瓦产品是现代建筑不可缺少的一种建筑材料，但是现在的烧结砖瓦产品的生产存在着影响可持续发展的社会问题，怎样有效、合理使用工业废渣替代黏土原料生产烧结砖瓦产品，成为当务之急。抚顺石油化工公司热电厂为保护环境，减少粉煤灰外排与贮存费用，2000 年初决定建设 6000 万块/a 的粉煤灰烧结砖生产线，总投资 2530 万元，于 2001 年 3 月建成投产。工艺流程大致为原料混均、沉化、对辊破碎、成型、焙烧等，生产出来的烧结砖块具有耐久性好、装饰功能强、永不褪色等特点。齐大山铁矿以千枚岩和绿泥石作为主要原料，用煤矸石（发热量 10674 ~ 11218kJ/kg）或矿山烧结厂烧结炉渣（发热量 5860kJ/kg）、水、选矿尾砂作为添加物，以适当比例混合制成砖坯，通过对烧成砖的质量、添加物种类和添加物比例进行研究，选取适当配料，掺配一定的内燃料，采用合适的生产工艺、设备，经原料制备和陈化处理，可以满足半硬塑挤出成型、一次码烧和超内燃焙烧的现代化制砖工艺要求，烧成温度控制在 970 ~ 1140℃，生产出优质烧结多孔砖，物理性能完全达到砖块要求。

尾矿免烧砖具有生产工艺简单，投资少见效快的特点。一般工艺过程（图 4-1）是以细尾砂为主要原料，配入少量的骨料、钙质胶凝材料及外加剂，加入适量的水，均匀搅拌后在压力机上模压成型，脱模后标准养护，即成尾矿免烧砖成品。济南钢铁集团总公司郭店铁矿投资 30 万元采用选矿后的尾矿为主要原料，并配以钢渣粉及少量的水泥，生产出尾矿免烧砖，该砖外观色彩比较鲜艳，装饰效果好，其各项生产技术指标也均能达到普通黏土红砖的技术指标要求。在科研研究方面，高春梅等对镁质矽卡岩型铁矿尾矿成分、组成、性质等做了分析，并对尾矿免烧砖工艺中几个影响因素进行了研究，探讨出配比量为：尾砂 25%、水泥 10%、水 12%、外加剂 3%（占水泥用量）时生产出来的免烧砖最好，性能指标满足国家标准，为类似矿山尾矿利用提供了理论依据和实践经验。

这类砖在经过配料和均化之后，通过挤压成型、养护的工序即可出厂，能够广泛用于广场、道路建设。此技术摈弃了传统的建窑焙烧破坏耕地、耗时费力、污染环境的缺点，值得广泛推广应用。

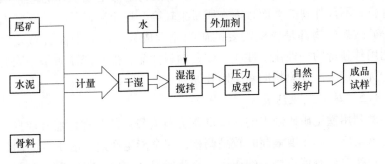

图 4-1 尾矿砖制作工艺流程

4.1.1.3 生产水泥

水泥一般分普通硅酸盐水泥、掺混合材料的硅酸盐水泥和特殊水泥。掺混合材料的硅酸盐水泥是在普通硅酸盐水泥里按比例和一定的加工程序加入其他物质以达到特殊效果，这些水泥的原料比原来的普通硅酸盐水泥要多些活性混合材料或非活性混合材料。尾矿含有铝硅酸盐矿物、碳酸盐矿物，即铁、钙、镁、铝、硅的氧化物，因此可作为硅酸盐水泥生产原料或者混合材料掺入硅酸盐水泥中。在硅酸盐水泥原料中掺入尾矿可以使硅酸盐水泥的性能得以强化，同时还可以降低能耗，节约能源。刘瑜燕等人以金属尾矿为原料制备贝利特水泥，得到的试验样品具有优良的抗硫酸盐腐蚀性、抗海水侵蚀性、抗干缩性、抗渗水性，其性能优于矿渣硅酸盐水泥，达到了 325 普通硅酸盐水泥的标准要求。同时还得到很多金属尾矿含有铁、锌、铅的硫化物，它们在水泥熟料煅烧过程中能氧化放热，可起到明显的节能效果。朱建平等人的研究表明尾矿代替黏土配料后，对熟料矿物组成没有影响，尾矿参与配料烧制得到的水泥，凝结时间比黏土配料制的水泥稍有延长，但各龄期强度均有所提高。

4.1.1.4 用于陶瓷材料

利用尾矿研制生产陶瓷打破了以黏土为原料的传统，在有效利用废弃尾矿、减轻环境压力的同时，也使陶瓷性能得到了很大的改善。但从目前的资料来看，尚没有利用尾矿开展大规模陶瓷工艺生产的生产线，但这方面的研究已广泛开展，主要表现在如下方面。

（1）小范围烧制陶瓷材料。用内蒙古宁城珍珠岩尾矿为主要原料，以碳酸钙为平衡原料，在成孔剂和黏合剂的配合下，采用烧结法，在 1200℃合成全晶质多孔结构，主要物相是呈片状、板状硅灰石的多孔硅酸钙质陶瓷材料。和传统陶瓷材料相比，具有吸附性、透气性、耐腐蚀性、环境相容性、生物相容性好等特点，能广泛应用于各种液体、气体的过滤，在工业用水、生活用水的处理和污水净化等方面也有大量应用的前景。

（2）尾矿陶瓷釉料。袁定华早在 1992 年就利用稀土尾矿作为坯釉的主要原料研制青瓷，不仅外观美，而且内在质量也较高。稀土尾矿的主体高岭石、石英和长石等硅酸盐矿物都是成瓷需要的矿物化学成分。尾矿中尚含有多种微量稀土，可利用其独特的物理化学性质，改善釉料性能，提高产品质量。因此稀土尾矿是一种优于传统制瓷原料的新型制瓷原料。

4.1.1.5 尾矿卫生洁具

张会敏利用铁尾矿研制出的 SN209 配方具有较好的物理性能和成形性能，特别是泥浆流动度、厚化度偏高时较易调整，完全能生产出性能优良的高档卫生洁具。由于铁矿尾矿有促进烧结的作用，使烧成温度比原来降低 20～30℃，单位产品燃耗可降低 3%～4%，可达到节能降耗的目的。

4.1.1.6 尾矿生产新型玻璃材料

（1）铁尾矿制饰面玻璃。用铁矿尾矿熔制高级饰面玻璃材料是尾矿综合利用、企业可持续发展的一个有效途径，同济大学以南京某高铁铝型尾矿为主要原料进行了熔制饰面玻璃的研究试验。经退火后的铁尾矿玻璃漆黑光亮，均匀一致，无色差，无气泡、疵点。表面可磨抛加工，磨抛后平整如镜，其表面光泽度不小于115（不抛光的自然光泽度为110）。与天然大理石、花岗岩相比（光泽度为78～90），这种尾矿饰面玻璃更加庄重典雅，其有的理化性能甚至优于同类材料。经初步成本分析，铁尾矿饰面玻璃有较好的经济效益，附加值高，有开发前景。

（2）铜尾矿制饰面玻璃。同济大学以吉林地区高铝铁硫铜尾矿为主要原料，在试验室试验的基础上，进行了铜尾矿制饰面玻璃工业性扩大试验。铜尾矿饰面玻璃漆黑光亮，无杂质、气泡，可进行切割、磨抛等加工，磨抛后其表面光泽度不小于100。与天然大理石相比，颜色更黑，而且均匀一致，具有高贵典雅、庄重大方的装饰效果，其理化性能均能满足有关饰面材料的技术性能要求。经初步成本分析，生产铜尾矿饰面玻璃有较好的经济效益，附加值高。

（3）铁尾矿研制黑玻璃制品。镇江韦岗铁矿山根据对该铁矿尾矿进行的全分析、光谱分析和化学分析表明，其尾矿中含有41种元素。按成分比例，含硅、铝、钙及多种金属的氧化物，最适宜组成硅酸盐玻璃体，且该尾矿中铁含量高于10%，故可制成普通玻璃中较难制出的黑色玻璃。该矿山自1993年起，通过多次试验，目前已成功研制出高档黑色玻璃贴面材料及其他玻璃制品。该项目工艺简单，研制的玻璃贴面砖各项技术指标完全符合国家建材部门的规定标准。

4.1.1.7 尾矿用于生产混凝土

尾矿具有一定的坚固性、很好的颗粒级配、合理的粒径等特点，可满足作为混凝土骨料所需的性能要求，因此尾矿在混凝土中的应用具有可行性。用尾矿配制的混凝土拌合物与普通混凝土拌合物相比，在和易性方面，虽然尾矿砂石混凝土的和易性不如普通混凝土，但是胡现良、何兆芳等的试验研究证明，铁尾矿砂混凝土的工作性能良好，尾矿砂取代率在一定范围内时，尾矿砂混凝土的力学性能优于天然砂混凝土，其抗冻性能、抗渗性能优于天然砂混凝土，干缩性能和天然砂混凝土相当，但是耐久性方面，随着尾矿砂取代率的提高，尾矿砂混凝土的耐久性逐渐下降。邓初首等人对不同尾矿砂取代率下混凝土和易性、强度及坍落度等性能进行了研究，结果表明相同配比下的尾矿砂混凝土流动性略低于基准混凝土，且随着取代率的增加，坍落度呈逐渐减少的趋势，但是掺入粉煤灰、矿渣微粉等磨细掺合料，可以有效抵消尾矿砂取代天然砂时对混凝土和易性带来的不利影响。综合来看掺入尾矿的混凝土与天然砂混凝土质量相当，某些性能高于天然砂混凝土。

4.1.1.8 利用尾矿生产微晶玻璃

矿业尾矿中含有制备微晶玻璃所需的 CaO、MgO、Al_2O_3、SiO_2 等基本成分，因此可以利用尾矿制备各种性能的微晶玻璃。近几年，我国利用尾矿生产玻璃或微晶玻璃已得到一定的研究应用。目前这方面的应用主要有：利用高钙镁型尾矿生产饰面材料；作为生产微晶玻璃的材料。

（1）铁尾矿生产微晶玻璃。李彬等以大孤山铁尾矿和攀钢钛渣为主要原料，外加一种含钠废弃物，研制出了以钙铁辉石为主晶相，颜色为蓝黑，光泽度好的微晶玻璃。铁尾矿和钛渣中含有的 Fe_2O_3 和 TiO_2 是优良的晶核剂，不需再添加晶核剂。由于该类微晶玻璃全部采用废弃物，因此其废料的利用率可达 100%。张先禹用含 CaO、MgO 和 FeO 的尾矿，添加适当砂岩等辅助原料并采用合适的熔制工艺制成高级饰面玻璃，铁尾矿利用率达 70%～80%，生产的玻璃理化性能好，主要性能优于大理石。

（2）铜尾矿生产。微晶玻璃同济大学与上海玻璃器皿二厂合作，以安徽琅琊山铜矿尾矿为主要原料，经过工业性试验，已研出可代替大理石、花岗岩和陶瓷面砖等，具有高强、耐磨和耐蚀的铜尾矿微晶玻璃材料。刘维平等用铜尾矿研制的微晶玻璃板材和彩色石英砂具有较好的理化性能，与天然石材理化性能相当。

（3）金矿尾矿生产微晶玻璃。金矿尾砂主要矿物组成为石英、钠长石、白云母，还有少量的钾长石，其主要化学成分是 SiO_2 和 Al_2O_3，且还含有制造硅酸盐玻璃所必需的 MgO、CaO、K_2O、Na_2O 和 B_2O_3 等，只要加入一些其他氧化物调整它们的比例，制成玻璃是可行的。邢军等根据微晶玻璃的基础组成，选择镁铝硅酸盐系统作为配方依据，组成 $MgO-Al_2O_3-SiO_2$ 系统，在尾砂中加入镁、铝质材料，制得了堇青石型微晶玻璃。

4.1.2　回收有用物质

因选矿技术条件限制，金属矿山尾矿中常含有可供综合回收利用的微量金属硫化物、氧化物。随着选矿工艺的进步，许多矿山对老尾矿中未能综合利用的共伴生矿产及残留的主矿产开展了综合回收利用。如河南栾川钼矿从尾矿中回收钨，山东大柳行金矿从尾矿中回收金、银、硫，广东凡口铅锌矿从尾矿中回收铅、锌、硫，河北某铁矿从尾矿中回收钛铁矿。尾矿再选回收微量金属和硫是提高矿山经济效益的有效途径之一，但随着现代选矿工艺的进步，尾矿中残留的有用金属含量已经很微小，在较短时间内很难取得技术上的更进一步突破，综合回收利用尾矿中残留金属元素主要集中在一些大中型矿山的老尾矿上。

金属矿产、非金属矿产、能源矿产并称为现代工业的三大基础原料支柱，金属尾矿中常见的非金属矿物石英、长石是陶瓷、玻璃、水泥、化工、磨料、机械制造等多个行业的重要原料。蚀变矿物绢云母及其改性产品可以作为补强、填充剂广泛应用于造纸、橡胶、塑料、涂料、冶金等行业。变质矿物硅灰石在陶瓷业、冶金业应用较广；石榴石可以广泛应用于喷砂、敷涂磨料、水过滤、装饰建筑、精密仪器轴承等。

尾矿中非金属矿物提纯是尾矿再选的另一个重要方面。王毓华等对富石英和长石的某铌钽尾矿进行了综合回收试验研究，得到了达到玻璃及陶瓷 II 级的长石精矿，达到硅铁 II 级及玻璃 II 级的石英精矿，并使该矿矿物回收率提高到了75%。石英脉型金尾矿主要成分为石英，其次是长石，为了充分开发尾矿中的主要成分石英，中国金矿资源大省山东通过技术革新，成功由石英脉型金尾矿中选出了合格的石英精矿。

从尾矿中回收绢云母的相关研究与应用在我国已有 20 余年的历史，代表性矿山为江西铜业的德兴铜矿、银山铅锌矿。德兴铜矿是一特大型斑岩铜矿床，是我国斑岩型矿床的代表性矿床，其尾矿绢云母（包括少量伊利石）含量达 34%，该矿采用先重选后浮选的改进工艺流程生产出了工业一级、二级绢云母。银山铅锌矿赋矿围岩为千枚岩，尾矿绢云母含量 30% ~35%，该矿采取浮选 - 浓缩 - 压滤 - 干燥的工艺流程生产出了工业一级、二级绢云母。通过综合回收绢云母，江西铜业至少综合利用了 20% 以上的尾矿资源，取得了显著的环境、社会、经济效益。

尾矿中硅灰石、石榴石资源综合利用代表性矿山有河南栾川钼矿、湖南柿竹园钨锡钼铋多金属矿、西藏甲玛铜多金属矿等存在有矽卡岩型矿化的矿山。硅灰石、石榴石均为矽卡岩矿床的常见造岩矿物，并具有一定的富集分带特征，如栾川矿从硅灰石大理岩到硅灰石角页岩，硅灰石含量介于 30% ~80%，平均65%。柿竹园矿从符山石 - 石榴石带到磁铁矿 - 石榴石带，石榴石含量介于 50% ~ 80%，平均27%。甲玛铜矿中硅灰石矽卡岩、石榴石矽卡岩内硅灰石、石榴石含量均可高达 70% ~80%。除硅灰石、石榴石外，矽卡岩尾矿中的透辉、透闪石等矿物也具有工业价值，成功回收矽卡岩型矿石中的造岩矿物可以显著降低尾矿堆存数量。

（1）主要矿物的再选。主要矿物再选即利用当前可行的选矿技术降低选矿品位，再次回收尾矿中的主要元素，并能以此创造经济价值。目前，尾矿中主要矿物的再选已为国内许多矿山企业带来了客观的经济价值和社会效益，如本钢歪头山铁矿与马鞍山研究院联合进行科研攻关，采用 HS-1600×8 型磁选机对矿山的尾矿进行二次磨选之后，获得了品位达 65.8% 的铁精矿，年产铁精矿量达 3.9×10^4 t。新疆某金矿采用浮选工艺处理尾矿后，金浮选率达到 69%，处理 1 万吨尾矿便可获得 3kg 的黄金。

（2）伴生矿物的再选。单一矿种少、伴生矿物多是我国矿产资源的特征之一，许多矿山尾矿除了主要矿种外，还含有许多伴生矿物。如丹凤县皇台矿业公司以现堆存的约 100 万吨尾矿和选厂每年产生的 12 万吨尾矿为主要原料，建设 2

条 500t/d 铜尾矿的生产线及配套设施，从中回收铜、铁、硫、氧化镁等有价元素，年产铜精矿 7425t、硫精矿 9248t、铁精矿 8910t、高纯度氧化镁 10000t，剩余尾矿作为建材原料实现尾矿全部综合利用，不仅符合国家产业政策和投资导向，还能实现尾矿的综合回收利用，市场前景广阔，经济效益显著。项目达产达效后，年实现产值 2 亿元，利税 5000 万元，年综合处理尾矿 33 万吨，还可增加就业 100 人以上。国内同样的成功案例还有汤成龙等人通过磁选技术和精矿除铁技术从栖霞山铅锌矿中有效回收锰矿等。

对尾矿中的主要矿物和伴生矿物进行再次回选技术已经较为成熟，对于缓解我国资源紧张局面、提高矿山生存力起到了重要作用，引起了国内越来越多的矿山企业对尾矿再选工作的重视。

4.1.3　在农业方面的应用

尾矿中常常含有 Fe、Zn、Cu、Mo、B 等多种微量元素，这些都是植物生长过程中需要吸收的元素。目前，河南栾川钼尾矿无害化农用产业项目已进入筹备立项阶段，该项目总投资 3 亿元，年综合利用效益可达 6 亿～7 亿元，其中一期项目建设规模为年无害化处理钼尾矿 100 万吨，实现年产全价元素可控缓释肥 60 万吨、土壤调理剂 40 万吨。该技术首先分离回收钼尾矿中的石英及长石，使 SiO_2 含量低于 35%，然后通过熔融氧化反应，回收重金属，使重金属含量达到国家相关农用的限制标准，再消除尾矿中的有毒有害物质，使尾矿无害化，最后经过微量元素活化技术和调节 pH 值，便可成为可替代黏土类和轻质碳酸钙生产无机全价元素可控缓释 BB 肥的原料。该技术是一项可以将金属尾矿殆尽消纳且零排放的环保高新技术，而且投资少、产品附加值高，生产成本仅为目前市场缓（控）释肥的 50%～60%，而且可使粮食的增产达到 20% 以上，因而不仅肥料价格竞争优势明显，还有效地降低了农业生产成本，对于促进矿山循环经济发展、打造绿色矿山、提高农业生产综合效益、加快肥料产业升级有着重要意义。

4.1.4　在环保方面的应用

尾矿可用来制备矿浆，有研究表明，磷矿浆湿法烟气脱硫是一种新型的低成本、绿色循环经济的脱硫方法，利用矿浆中含有的过渡金属离子将烟气中的 SO_2 催化氧化为硫酸进入磷化工产业链，取代部分硫酸原料，具有脱硫效率高、流程简单、无副产物、无废水的外排、没有二次污染等优点，生产增加的仅仅是固定资产投资与动力消耗。

4.1.5　复垦回填

对尾矿进行复垦造地也是处理尾矿的一种有效措施，即使尾矿中的有害物质，也可以通过生化技术消除，不仅可以解决尾矿堆存带来的占用土地、安全、环境问题，又重造了土地，可谓一举多得（图 4 - 2）。云南锡业集团投资 200 万元在金属尾矿中种植 5hm² 超富集植物蜈蚣草，对其金属尾矿库进行复垦，通过一定的有机肥等基质改良后使其正常生长，并定期收割其地上部分，烘干焚烧后从灰分中冶炼回收有价金属，企业每年通过蜈蚣草采矿的砷、铅、铜、锌最高分别可达 23.4、11.3、2.64、9.24kg/hm²，可创造 693.5元/hm² 的效益，而且蜈蚣草焚烧时产生的大量热能也可转换为电能使用，更重要的是利用蜈蚣草对尾矿进行复垦为企业节省了大量的尾矿堆存费用，解决了尾矿扬尘、重金属污染等问题。根据经济分析，种植 5hm² 的蜈蚣草每年可为矿山带来 70 多万元的经济效益。

图 4-2　尾矿复垦造地

我国对于尾矿的研究与利用绝不止以上提到的这几种领域，有学者统计，尾矿的研究与利用在我国已经涉及到 50 多种领域，呈现出一种欣欣向荣的趋势。

4.2　粉煤灰的综合利用

国外粉煤灰的综合利用最早可追溯到 20 世纪 20 年代，当时一些发达国家开始对粉煤灰进行研究。国外粉煤灰的资源化利用备受重视，综合利用率很高，如荷兰达到 100%、意大利达到 92%、丹麦 90%、比利时 73% 等，粉煤灰已广泛应用于建材、建工、交通、农业、化工和冶金等行业。粉煤灰利用率最高、技术经济效果最好的利用方式主要体现在建材工业和建筑工程领域。近年来，国外开发了以粉煤灰为原料生产内外墙、地面装饰用瓷砖、保温隔热材料、填料的新技术。美国、日本等国针对粉煤灰在农业方面的利用也进行了研究，主要是利用粉煤灰的组分特征、物理和化学特性对土壤进行改良及制作肥料等。日本等国还利用粉煤灰的物理和化学吸附性质开展了废水处理、烟气脱硫等研究。针对粉煤灰的某些特定组分，发达国家最早从精细化加工利用方面，提取粉煤灰中的特性组分开展研究，并取得了比较满意的成果。我国粉煤灰的利用方式如图 4-3 所示。

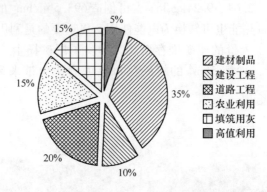

图 4-3　我国粉煤灰的利用方式图

4.2.1　在建筑行业方面的应用

4.2.1.1　水泥

粉煤灰水泥干缩性小，水化热低，抗冻性较好，可以广泛用于工业与民用建筑中，尤其适用于大体积混凝土、水工建筑、海港工程等。在过去，沥青型粉煤灰通常能替代 15% ~ 25% 的水泥，而高钙型粉煤灰替代率为 25% ~ 40%，现在各种激发剂的开发利用逐渐改善了粉煤灰水泥的性质，增强了粉煤灰的利用效果。

景国以平凉电厂 II 级粉煤灰为原料，加入 CSC 改性剂并粉磨，研究了不同细度和掺量的粉煤灰对水泥性能的影响。利用磨细粉煤灰生产 P·O42.5R 水泥时，混合材掺量在原基础上可以提高 8%，标准稠度用水量基本保持不变，凝结时间延长 70min 左右，早期抗压强度下降约 1MPa，28d 抗压强度增加约 4MPa；利用磨细粉煤灰生产 P·C42.5 水泥时，混合材掺量在原基础上提高 18%，标准稠度用水量略有增加，初、终凝时间分别延长 60、80min 左右，早期强度下降约 3MPa，28d 强度增加 2MPa；生产 P·C32.5 水泥时，混合材掺量在原基础上提高 18% ~ 25%，标准稠度用水量、强度基本不变，凝结时间延长 60min 左右（初、终凝基本相同），而且磨细粉煤灰不入磨，可以直接进入选粉机，水泥粉磨综合电耗有所下降，降低生产成本。而利用粗粉煤灰只能生产 P·C32.5 水泥，混合材掺量在原基础上也只能提高 10% 左右，生产成本虽有所下降，但标准稠度用水量却明显上升，不利于工程使用。

美国路易斯安那理工大学使用工业生产中大量产生的煤粉灰研制出一种既环保又耐用的地质聚合物水泥。与传统的硅酸盐水泥相比，该地质聚合物水泥有更大的张力，更强的抗腐蚀性、抗压性和抗收缩性，并能抵御高温，因而使用期更长。此外，该地质聚合物水泥制造过程中的能耗和废气排放量都非常低，可以很好地被回收再利用，是一种"绿色环保材料"。

4.2.1.2 混凝土

粉煤灰需水量小且具有火山灰活性，作为掺和料应用在混凝土中，不仅可以改善混凝土的和易性，增强其流动度和泵送性，而且还能延缓水泥水化热峰值出现的时间，改善混凝土的物理力学性能，提高混凝土的耐久性如抗侵蚀性，因此粉煤灰作为一种优质活性掺和料被广泛应用于混凝土的配制，改善混凝土性能。但粉煤灰改性混凝土也存在着早期强度低的不足。

Aydm 等利用细粉煤灰（布莱恩细度为 $290m^2/kg$）和粗粉煤灰（布莱恩细度为 $907m^2/kg$）分别替代 20%、40%、60% 的水泥，探讨了粉煤灰细度对粉煤灰水泥胶砂的机械性质和抗碱硅反应的影响。机械研磨过程能够粉碎大的多孔粒子，降低颗粒粗糙度，减少需水量，同时机械研磨能提高粉煤灰比重和细度，增强粉煤灰火山灰活性，从而显著提高粉煤灰水泥胶砂的机械性质，这有利于粉煤灰在预拌混凝土工业的应用。研究还发现粉煤灰水泥胶沙养护条件敏感度较高，在空气中养护的样品强度低于在水中养护的样品。此外，掺加粉煤灰可以提高抗碱－硅膨胀反应，但与粉煤灰细度无直接关系。

Thanongsak 等研究了硅酸盐水泥－粉煤灰－硅灰混凝土的标准稠度需水量、凝结时间、工作性和抗压强度。在标准稠度需水量方面，当只掺加粉煤灰时，静浆标准稠度需水量降低，粉煤灰掺量相同条件下，掺加硅灰的静浆需水量高于不掺加硅灰的静浆，这是因为硅灰粒子很细，比表面积较大，导致需水量增加；在凝结时间方面，当只掺加粉煤灰时，静浆初、终凝结时间延长，而同时掺加粉煤灰和硅灰的静浆初、终凝结时间有所下降，但所有样品凝结时间均满足标准；在工作性方面，只掺加粉煤灰混凝土工作性提高，而掺加硅灰坍落度会下降（与不掺硅灰的混凝土相比，粉煤灰掺量相同），但是硅酸盐水泥－粉煤灰－硅灰混凝土的坍落度仍然比硅酸盐水泥混凝土高；在抗压强度方面，掺加硅灰可以增强混凝土早期（28d 前）抗压强度，当硅灰用量（质量分数）为 10% 时，强度最高能增加 145%。此外，SEM 分析显示掺加硅灰使混凝土结构更致密，强度增加。Nattapong 等将磨细后的电石渣和分选后的粉煤灰按 30∶70 比例混合作为混凝土胶凝材料替代硅酸盐水泥制备电石渣－粉煤灰混凝土，研究了胶凝材料用量、水胶比、$CaCl_2$ 含量对混凝土强度的影响。电石渣和粉煤灰混合物可以作为胶凝材料完全替代硅酸盐水泥。增加胶凝材料用量和降低水胶比可以增强电石渣－粉煤灰混凝土强度至接近于普通混凝土强度；掺加 $CaCl_2$ 可以吸附周围环境中的水分子增加混凝土中的自由水从而改善和易性；当电石渣和粉煤灰用量为 $450kg/m^3$、$CaCl_2$ 掺量为 3%、水胶比为 0.35 时，电石渣 – 粉煤灰混凝土 90d 的抗压强度为24.3MPa；但是 $CaCl_2$ 用量不能太高，否则会加速钢筋腐蚀，不利于工程应用。

　　Chaipanich 等分别将 0.5% 和 1% 的碳纳米管加入到粉煤灰水泥体系制备碳纳米管 – 粉煤灰水泥复合材料静浆和胶砂，其中粉煤灰掺量为 20%，硅酸盐水泥为 80%。碳纳米管充当填充剂，使胶砂密度变大，抗压强度增强。在粉煤灰掺量为 20% 的水泥胶砂中加入 1% 的碳纳米管时，28d 胶砂强度最高，达到51.8MPa，与普通硅酸盐水泥胶砂强度（52.6MPa）相近。SEM 分析显示碳纳米管充填水化产物之间的孔隙，与粉煤灰水泥基之间交互作用良好，使胶砂显微结构更密实，强度更高。粉煤灰水泥如图 4-4 所示。

图 4-4　粉煤灰水泥

4.2.1.3　墙体材料

　　我国房屋建筑材料中 70% 是墙体材料，其中黏土砖占据主导地位，生产黏土砖每年耗用黏土资源达 10 多亿立方米，约相当于毁田 3 万公顷，同时，我国每年生产黏土砖消耗 7000 多万吨标准煤。实心黏土砖的大量使用不仅增加墙体材料的生产能耗，而且导致建筑的采暖和空调能耗大幅度增加，严重加剧能源供需矛盾。利用粉煤灰等废料制备生产新型墙体材料，既能提高建筑物的隔热保温效果，节约能源，又可以极大地改善建筑使用者的生活环境。张金龙等以电解锰渣、页岩、粉煤灰为原料烧结制砖，并从抗压强度和固化效果两方面评价砖的性能。结果表明 800℃ 是烧结过程的转折点，在这一点抗压强度和浸出毒性均发生了突变。在此温度下，坯体中液相对锰开始进行固化，并提升坯体的抗压性能。但是抗压强度没有达到要求的水平，因此需要进一步提高烧结温度以保证砖的力学性能达标。最优工艺条件为：电解锰渣、页岩和粉煤灰的配比为 4∶5∶1、烧结温度为 1000℃、保温时间为 2h。在此条件下，砖体的抗压强度可达到

22.64MPa，浸出液中锰的浓度由 451.08mg/L 降至 0.6763mg/L，优于国家标准的规定值。粉煤灰砖如图 4-5 所示。

图 4-5　粉煤灰砖

4.2.1.4　粉煤灰制微晶玻璃

玻璃陶瓷（又称微晶玻璃）是由基础玻璃经控制晶化而制成的晶相和玻璃相共存的多晶材料。它具有机械强度高、耐磨损、化学稳定性好、膨胀系数可调等特性，在建筑装饰、机械工业、电子工业、生物医学、航天工业、核工业、化学工业等领域有广泛的应用前景。

封鉴秋等以钢渣和粉煤灰为主要原料制备微晶玻璃材料，钢渣与粉煤灰的掺量可达 80%，其中钢渣用量为 50%。最佳的工艺参数为：基础玻璃的熔制温度 1450℃，核化温度 750℃，晶化温度 904℃，核化和晶化时间 1.5h。制备的钢渣－粉煤灰微晶玻璃主晶相是普通辉石，吸水率低于 0.02%，抗弯强度达 138MPa，完全可以满足建筑材料的性能要求。

4.2.1.5　筑路

粉煤灰作为传统的砂土和其他建筑材料，在交通工程中也有很好的应用前景。早在 1974 年，美、英、西德、前苏联等国家就开始用粉煤灰修筑路堤。特别是英国，从低级公路到高级公路都成功修筑了粉煤灰路堤。我国粉煤灰路堤尽管在 20 世纪 80 年代初才起步，但由于各级政府和公路施工、设计、研究等部门的通力协作，近几十年来发展迅速。在上海、河北、陕西、浙江等省市的高级公路中广泛使用或使用，取得了良好的社会、经济效应。粒径适中（粉砂 0.002 ~ 0.074mm 和细砂 0.074 ~ 0.25mm）、密度小（压实密度比土小 1/3 ~ 1/5）、浸透性好、稳定性好、压缩系数小等优点，使其成为了路堤填方的好材料。粉煤灰作为筑路的二灰混合料修筑高等级道路的基层，具有强度高、水稳定性好、不翻浆、抗冻等优点。按现有应用水平看，用灰可达 2000t/km 以上，同时还可降低工程费用 10% ~ 30%，减少工程维护费 30% 左右。

4.2.1.6　砂浆

建筑砂浆标号低，一般为 25 号、50 号、75 号、100 号等，它在建筑工地中的应用量大面广。为了在确保工程质量的前提下，我国广大的建筑工作者，利用粉煤灰取代部分（或全部）传统建筑砂浆中的水泥、石灰膏和砂等组分，配制成粉煤灰砂浆。经过几十年的研究和应用表明，粉煤灰砂浆具有以下优点：

（1）砂浆对粉煤灰的品质要求低，全国绝大多数电厂的原状粉煤灰都能用；

（2）砂浆中煤灰的掺量比较大，每立方米砂浆，少则几十公斤，多则二三百公斤，甚至更多；

（3）粉煤灰砂浆的性能比较好，强度比较稳定有利于，保证工程质量；

（4）使用原状粉煤灰配制砂浆，取灰、运灰、保存、使用都很方便，无需改变施工工艺及器具，工人容易接受。

经济效益、社会效益都很显著，一般可以节约水泥 20% ~ 30%，节约砂 10% ~ 50%，节约砂浆材料费 5 ~ 10 元/立方米，同时可节约贮灰占地。因此，普及推广粉煤灰砂浆意义重大。特别是随着我国水泥生产向高标号方向发展，致使低标号水泥缺乏，只能用高标号水泥配制低标号砂浆。结果造成技术上不合理，因为从砂浆强度指标看，掺少量高标号水泥即可满足要求，但是从砂浆的稠度指标看，必须增加水泥用量以改善稠度，便于施工操作，这样就带来经济上不合算。

4.2.1.7　轻质板材

粉煤灰硅钙板是以粉煤灰等工业废渣为主要原料，采用抄取法或流浆法成型，在蒸压釜中蒸压养护而成。因它具有轻质、高强、优良的耐火隔热等优点，颇受欢迎。目前，此种墙板在全国已有几家进行批量生产。

它具有轻质、高强、保温、隔音、防潮、不燃、可锯钻加工等优点，适用于船舶工业和建筑工程，经表面装饰后，可成为高档建筑材料，装配成轻质复合墙板完全符合现代节能要求。再加上生产它的原材料为工业废渣，与同类产品横向比较，它可谓质优价廉，市场竞争能力强。因此，粉煤灰硅钙板是一种具有广泛发展前途的建筑节能型复合墙体材料。

4.2.2　回收有用物质

4.2.2.1　回收氧化铝、氢氧化铝及铝盐

粉煤灰提取氧化铝技术备受关注，有序推进高铝粉煤灰提取氧化铝及其配套项目建设是"十二五"粉煤灰综合利用的主要任务之一。自 2004 年以来，大唐国际与清华大学自主开发高铝粉煤灰提取氧化铝技术，经过近五年的科技攻关掌握了关键工艺路线，目前已进入工业化实施阶段。神华集团与吉林大学合作，针

对内蒙古准格尔矿区流化床高铝粉煤灰中氧化铝提取开展攻关，在制备冶金级氧化铝同时，提取稀有金属镓，制取白炭黑、净水剂及建筑墙体材料，实现了粉煤灰的零排放。神华集团"年产100万吨氧化铝及综合利用工业化示范厂"已于2011年12月18日进行了奠基典礼，预计2013年底建成投产。

4.2.2.2 分选回收微珠

从干排粉煤灰中提取厚壁微珠用于耐火材料，在通用设备上制备出了符合热工耐火要求的耐火隔热制品，其优良的性能、低廉的成本与方便的生产工艺国内外尚无同类成品可比。用自粉煤灰中分离提取的密度大于 $1g/cm^3$ 的厚壁空心微珠系列耐火隔热砖（制品）的研究成功，打破了耐火隔热材料一直由高温烧结不可再生资源化控制的局面，凡有火力发电的地方均可生产；粉煤灰微珠系列耐火隔热制品具有大量利用工业废弃物、节能、无污染、成型方便、可用普通成型设备而非专用设备生产的特点，可有效推动循环经济和我国经济的可持续发展，符合国家经济发展政策。经济分析表明，粉煤灰微珠系列耐火隔热制品成本低廉，与现有黏土类、硅藻土类、高铝类由不可再生资源烧结法生产的耐火隔热制品相比，成本由900～1000元/吨降至500元/吨左右，其经济、社会和环保效益是无法用数字估计的，具有良好的市场前景和推广价值。仅以热工材料50%的隔热耐火砖为例，现每年需求2～3亿吨，产值以每吨1200元计，2亿吨等于2400亿，利税1000亿以上。

4.2.3 在农业方面的应用

4.2.3.1 粉煤灰对土壤改良的作用

A 改善土壤的理化性质

粉煤灰一般由很细的颗粒组成，平均粒径小于 $10\mu m$，具有低容重、高比表面积和质轻等特点。粉煤灰的密度大多在 2.1～2.6g/mL，容重主要在 1.0～1.8g/mL，粉煤灰独特的理化性质能够改变土壤的结构、容重、保水能力和颗粒组成等物理性质，特别是在 0～15cm 土层的效果较好。

研究表明，当加入粉煤灰的比例超过25%，土壤的保水能力会随之增加。Pathan 等证明，植物的有效含水量随着粉煤灰的加入而逐渐增加。Adriano 等证明，粉煤灰的加入能降低土壤的容重。Chang 等认为，加入少量的粉煤灰会增加土壤的渗透率，但是随着粉煤灰加入量的增大，土壤的渗透率会显著下降。粉煤灰的比表面积影响着土壤中的养分离子和土壤溶液之间的存在状态，阳离子交换量和营养吸收量都与比表面积有着重要的关系。

粉煤灰的化学性质是决定其利用价值的重要指标，主要包括 pH 值、电导率（EC）、化学元素的组成和含量等，这些指标在土壤改良中起着重要作用。粉煤灰 pH 值的变化范围为 4.5～12.0，主要取决于煤中硫的含量以及燃烧对粉煤灰中硫含量的影响。Adriano 等的研究结果表明，随着粉煤灰的加入，0~30cm 深度土壤的 pH 值不断升高。

pH 值还影响着土壤中某些元素的含量和存在方式，Kukier 等研究证明，高 pH 值会降低苜蓿（medicago sativa）中 Zn 的含量，从而导致产量下降，速效 B 会随着土壤 pH 值的下降而增加。Phung 等的研究证明，微量元素的溶解性随着 pH 值的下降而增加，酸性土壤中加入碱性粉煤灰可以降低 Fe、Mn、Ni 和 Pb 的溶解性。

电导率能反映土壤的缓冲能力，也代表了土壤的盐分状态，Tanji 认为过高的电导率会阻碍大部分草本植物的生长，经过风干处理的粉煤灰电导率都要比未经过处理的低，原因是未经过处理的粉煤灰中含有较高的可溶性盐，混入土壤中会造成盐碱化，使电导率升高，阻碍植物生长。

化学元素组成是粉煤灰最重要的性质之一，它对改善土壤养分状况起到了重要的作用，大部分粉煤灰主要由 Si、Al、Fe、Ca、Mg、Na、K 组成，其中 Si 和 Al 是主要成分，不同粉煤灰之间元素的种类和含量有所不同，在某些细颗粒的粉煤灰中富含 As、B、Mo、S、Se、Ag、Be、Cd、Cr、Ni、Pb、Ba、Hg、Co 等元素。

　　B　改善土壤的营养状况

粉煤灰中含有植物生长必需的大量营养元素和丰富的微量元素，如 Na、K、Ca、P、S、Mg、Mn、Mo、Se、Zn 等，能很好地改善土壤营养状况。试验证明，粉煤灰中含有丰富的营养元素和微量元素，其中高含量的速效 K、Ca、Mg、B、Na 为植物根系提供了丰富的营养，但是较高的 B 含量会导致植物中毒。

碱性粉煤灰可以中和土壤的酸性来提高土中钙离子和镁离子的有效含量，阻止铝离子和锰离子以及其他金属离子的毒害作用，从而实现作物增产。Adriano 等研究表明，在 0~15cm 土层中，速效 Al、Be、Ca、Mo 随着粉煤灰的增加而增加；土壤中速效 Mg 的含量也随粉煤灰的增加而增加，但在植物中却逐渐减少；土壤中速效 Mn 随着粉煤灰的增加而减少，并且与植物中的含量变化趋势相同；速效 K、Cu、Fe、Cd、Cr、Ni 和 Al 也随着粉煤灰的增加而增加，但在植物中并没有变化。

Ahmed 等的研究表明，土壤中加入 1%~2% 的粉煤灰可以改善土壤中 S 的不足，将含硫 0.4%（质量分数）的粉煤灰和石膏（$CaSO_4 \cdot 2H_2O$）经换算后加入同等量的硫，结果两个处理的植物产量和植物中 S 含量均有相同程度的提高，说明粉煤灰和石膏中的 S 有效性相同。Doran 等证明粉煤灰中 Mo 的有效性与 $Na_2MoO_4 \cdot 2H_2O$ 基本相同。

　　4.2.3.2　粉煤灰对植物生长特性和产量的影响

　　A　对植物营养元素吸收的影响

粉煤灰之所以能应用于农业生产，就是因为其含有大量植物所需的元素，如

K、Ca、Mg、S、P 等。Furr 等证明，高粱（sorghum bicolor）、粟米（echinochloa crusgalli）、胡萝卜（daucas carota）、洋葱（allium cepa）、大豆（phaseolusvulgaris）、马铃薯（solanum tuberosum）和番茄（lycopersicon esculentum）均能在微酸性粉煤灰改良的土壤中生长，而且植物中有较高含量的 As、B、Mg、Se。

温室试验表明，土壤中加入 2% ~4% 的粉煤灰可显著提高水稻（oryza sativa）中的 N、S、Na、Ca、Fe 的含量。植物对元素的吸收受多种因素的影响，如基质的理化性质、降雨以及植物类别等，研究证明植物对 K、Ca、Mg 的吸收取决于这些元素在根系周围的土壤溶液中以及在植物内部的相互作用，粉煤灰处理的土壤中，Ca 和 Mg 的存在会抑制植物对 K 的吸收。

Yunusa 等的研究表明，粉煤灰的加入增加了加拿大油菜（brasica napus）对 P 的吸收，有助于幼苗健壮生长和增加种子产量。粉煤灰的加入对种子中 Mo 的吸收也有促进作用，但元素的积累主要集中在叶片中。

B 对植物生理作用和产量的影响

粉煤灰中富含植物所需的大量营养元素，对促进植物生长、增加产量起着非常重要的作用。许多研究证明，粉煤灰的加入可以通过改变土壤理化性质来增加多种植物的产量，如大麦（hordeum vul‑gare）、狗牙根（cynodon dactylon）、白三叶（trifolium repens）、玫瑰草（cymbopogon martini）、香茅（cymbopogon nardus）、茄子（solanum melongena）、番茄、向日葵（helianthus sp.）、落花生（arachis hypogaea）、日本薄荷（mentha arvensis）和香根草（vetiver zizanoides）等。

对大麦的研究中，加入粉煤灰的量达到 6.3% 会推迟大麦的出苗时间，但是在小于 25% 的范围内不会减少出苗数量，加入粉煤灰的量达 6.3% 和 12.5% 能增加作物的株高和产量，大于 6.3% 则会出现 B 中毒现象。Pathan 等证明，加入粉煤灰后的土壤可使草坪草地下生物量成倍增长。Kuchanwar 等研究表明，土壤中加入粉煤灰对花生有一定的增产效果。

大量研究中用来反映粉煤灰增产效果的主要为干物质重量、根系长度等生物量层面的指标，Yunusa 等提出了利用光合色素含量、光合速率等植物生理指标来说明粉煤灰对促进植物生长的作用，理论基础为光合色素是对重金属最敏感的色素，Cu、Mn、Pb 和 Zn 能取代叶绿素分子中的 Mg。

Mishra 等研究证明，加入 $15t/hm^2$ 风干碱性粉煤灰不会显著影响玉米叶片中叶绿素 a 和类胡萝卜素的含量，但是叶绿素 b 的含量会随着粉煤灰的增加而增加。Yunusa 等对加拿大油菜的研究表明，加入 $25t/hm^2$ 粉煤灰能提高 CO_2 同化率以及开花之前的生长量，增加 21% 的种子产量，但是当加入量超过 $25t/hm^2$ 时，光和色素的含量就开始下降，如果再增加粉煤灰量时，将对 CO_2 同化率、光合色素含量、植物的生长以及产量均产生抑制作用。

4.2.4　在环保方面的应用

在环境保护方面，主要是基于粉煤灰的吸附特性及特定组分用于废水、废气的处理。如利用粉煤灰制备的聚合氯化铝、硫酸铝等絮凝剂在污水处理方面具有成本低、效率高等特点，应用前景广阔。

4.2.4.1　在废水处理中的应用

粉煤灰含有大量的 SiO_2、Al_2O_3、Fe_2O_3、MgO、CaO 和未燃尽碳，这些物质具有多孔性和较大比表面积，是很好的吸附材料，在某些情况下，粉煤灰可代替活性炭、活性 Al_2O_3 等专用吸附剂。粉煤灰处理废水的机理有三个方面：吸附作用（物理吸附和化学吸附）、凝聚作用和沉淀作用。用粉煤灰去除废水中的金属离子、阴离子、有机废水脱色、去除部分 COD 和 BOD 等的成功例子在国内外均有报道。

吸附重金属离子的研究最早开始于 1975 年 Gangoli 等对粉煤灰处理工业废水的研究，报告指出在处理过程中发生了絮凝和吸附两种作用。絮凝作用主要是因为其中含有氢氧化钙的原因，而吸附的原因是因为其中含有氧化硅和氧化铝。用粉煤灰去除铬离子包括 Cr^{6+} 和 Cr^{3+} 有少数的报道。Gorve 研究了粉煤灰的用量、接触时间、pH 值和 Cr^{6+} 浓度对六价铬吸附量的影响，结果发现，较低的 pH 值和 Cr^{6+} 浓度有利于铬离子的去除，而且试验数据符合 Freundlich 等温线。Dasmahapatra 等也研究了粉煤灰对 Cr^{6+} 的吸附，粉煤灰对 Cr^{6+} 的吸附含量受到铬离子的浓度、吸附温度、粉煤灰的颗粒大小和 pH 值的影响。结果表明：吸附量大小的主要影响因素是 pH 值、吸附温度、铬浓度，粉煤灰颗粒的大小没有明显的影响。SerPil Cetin 利用粉煤灰处理了含 Zn^{2+} 和 Ni^{2+} 废水，通过试验分析了不同 pH 值、温度、粉煤灰加入量对吸附的影响。pH 值对粉煤灰吸附重金属离子的效果有一定影响，适宜的 pH 值在 4~7 之间。Chien-Jung Lin 等在实验室制备了不同碳和矿物质含量的粉煤灰，并研究了其对溶液中 Cu^{2+} 的吸附和沉淀性能，研究表明，粉煤灰的比表面积随碳含量线性增加。在 pH=5 的条件下，碳含量是 Cu^{2+} 去除的重要因素。随碳含量减少，粉煤灰对 Cu^{2+} 的沉淀性能增强。

另外还有粉煤灰对混合离子选择性方面的报道，I. J. Alinnor 研究了粉煤灰从水溶液中吸附铜和铅离子的实验。Belgin Bayat 等比较了两种土耳其粉煤灰对水溶液中金属离子 Zn^{2+}、Cu^{2+}、Ni^{2+}、Cd^{2+} 和 Cr^{6+} 的吸附性能。

粉煤灰对染色废水及有机物有较好的脱色效果。粉煤灰粒度越小，吸附浓度越低，处理效果越好。在酸性条件下有利于从溶液中去除染料。粉煤灰对城市污水中的无机磷、氟也有去除作用。

粉煤灰本身由几十至几百微米的颗粒组成，由于不能装柱运行等原因难以在工业上得到应用。所以对粉煤灰进行成型处理，制备成型吸附剂是粉煤灰工业化利用关键。近年来对粉煤灰的成型处理是以电厂粉煤灰为主要原料，掺入少量固结剂和固体燃料，经混合、成球和高温焙烧而成。粉煤灰基吸附材料内部呈微多孔结构，容重小、强度高，可以用作曝气生物滤池的滤料，也可用于处理一些重金属离子等。作滤料或吸附材料时要求粉煤灰质吸附材料有一定的强度，比较好的吸水性能、化学稳定性和较大的比表面积，而目前用粉煤灰陶粒作粉煤灰基吸附材料时，虽然有比较高的强度，但亲水性差，表面比较光滑或带釉质，不利于吸附和在曝气生物滤池中挂生物膜。李方文等用煅烧 – 碱溶法制得类沸石吸附剂的比表面积为 112.6m^2/g、孔隙率为 83.1%，分别是改性前的 40.22 倍和 1.67 倍。用此类沸石吸附剂来处理浓度为 200mg/L 的模拟含铅废水，去除率为 84.87%，吸附容量为 33.94mg/g，分别是改性前的 31.13 倍和 31.42 倍，处理效果优于市售 1 级活性炭。并用 0.1mol/L 的 HCl 溶液和饱和 NaCl 溶液再生此吸附剂，解吸率达到了 98% 以上。王晓钧等对以粉煤灰为基质、水泥为主要黏结剂制成的多孔吸附材料的工艺参数及其对材料性能的影响和该材料掺入补加剂后在结构上产生的变化进行了探讨。陈钰等人采用电厂粉煤灰和普通黏土为主要原料，与外加黏合剂混合，烧结制备颗粒状的粉煤灰基吸附材料，考察了升温速率、烧成温度、保温时间以及粉煤灰的含量对粉煤灰基吸附材料的颗粒抗压强度和吸水率的影响，结果表明，烧成温度和粉煤灰用量是影响粉煤灰基吸附材料品质的主要因素。在烧成温度为（1150 ± 25）℃、粉煤灰掺入量为 90%、保温时间为 30min 的条件下，烧制的粉煤灰基吸附材料容重等级为 900，颗粒抗压强度能达到 25MPa，超过 GB 2838—81 中抗压强度不小于 6.5MPa 的规定，吸水率为 17%。郭永龙等利用粉煤灰合成沸石对含有 Cu^{2+}、Pb^{2+}、Cd^{2+} 的模拟水样进行批处理振荡实验，合成沸石处理含重金属离子污水达到平衡所需的时间约为 3h。对污水中重金属离子的去除率随 pH 值的降低而降低，随沸石用量增加而增加。同等条件下，利用粉煤灰处理含 Cu^{2+} 的污水，其吸附容量低于合成沸石。

4.2.4.2　粉煤灰在烟气脱硫中的应用

近几年来，国内外都开展利用粉煤灰制高级脱硫剂的研究。粉煤灰中主要成分 SiO_2、Al_2O_3、Fe_2O_3 和 CaO。在常温有水存在的情况下，细粉末状的粉煤灰能与碱金属和碱土金属发生"凝硬反应"的特性，被认为是粉煤灰循环利用过程中提高钙基吸收剂利用率的原因所在。试验证明，用粉煤灰制成脱硫剂的脱硫效率要高于纯的石灰脱硫剂，这是因为气 – 固反应中吸收剂比表面积的大小是反应速率快慢的主要决定因素。在适当的灰、石灰比和反应温度时，脱硫率可达到 90% 以上。

4.2.4.3　粉煤灰用于防治噪声

（1）制作保温吸音材料。将 70% 粉煤灰和 30% 硅质黏土材料以及发泡剂等混配后，经二次烧成工艺制作粉煤灰泡沫玻璃，具有优良的防水、保温、隔热、吸声和隔声等性能，可广泛应用于建筑工程。用电厂 70% 的干灰和湿灰加黏结剂、石灰、黏土等制成 $\phi80\sim100mm$ 的料球放入高温炉内熔化成玻璃液态，经过离心喷吹制成粉煤灰纤维棉，再经深加工，可制作高档新型保温吸音板等建材产品。

（2）制作 CRC 双扣隔声墙板。轻质隔墙板是现代工业化建筑体系和新型墙体材料的重要组成部分。条板式 CRC 圆孔隔墙板在轻质隔墙板中发展最快，其中，圆孔隔墙板最为突出，约占市场的 80% 以上。粉煤灰 CRC 圆孔隔墙板以其重量轻、强度高、防火与耐水性能好、生产成本低、运输安装方便等特性得到了我国各级政府的大力推广与应用。

4.2.5　复垦回填

粉煤灰填方造地是综合利用最直接有效的方式，用粉煤灰注浆充填采空区不仅可以加强围岩和煤柱，还可起到防火效果，达到了就地取材、废物利用的目的。利用粉煤灰回填低洼地、荒地、荒沟、池塘、取土坑、煤矿塌陷区、矿井及灰场复土造地等，对粉煤灰的质量要求低（干灰、湿灰均可直接利用），一次性用灰量大，利用方法简单，投资少。

4.2.6　在化工行业方面的应用

4.2.6.1　粉煤灰玻璃工业中的应用

粉煤灰中氧化铁含量价高，在制玻璃时会造成玻璃产生一定的颜色，所以粉煤灰可作为设生产建材玻璃制品。用粉煤灰做原料研制成玻璃饰面材料、泡沫玻璃等。缪松兰利用粉煤灰、高岭土尾砂等为主要原料取代玻璃生产的常用原料，加入一些辅助原料，制作了黑色的、透明的以及其他颜色的工艺玻璃制品。

4.2.6.2　粉煤灰陶瓷工业中的应用

粉煤灰化学成分和高铝黏土相近，主要由无定形玻璃、未燃尽碳以及石英、赤铁矿、刚玉、方解石等矿物组成。廖红卫等以粉煤灰为主要原料，成功研制出深黄绿色的全瓷建筑饰面砖。吴建锋等利用赤泥、粉煤灰等，加入一定得矿物添加剂，制备出了高性能的清水砖。徐晓虹等用粉煤灰、赤泥等制备了高性能的多孔陶瓷滤球，还可用粉煤灰作为原料用碳热还原法制备高性能的 $SiC\text{-}Al_2O_3$ 复合陶瓷、$Si_3N_4\text{-}Al_2O_3$ 复合陶瓷或 Sialon 陶瓷等。

4.2.6.3　粉煤灰在制高分子填充材料方面的应用

目前国内外对粉煤灰的利用热点是经过对粉煤灰进行细化加工，对合成材料进行改性研究。如粉煤灰填充聚氯乙烯制品可提高塑料弯曲挠度和耐热度，粉煤灰作填料的酚醛树脂可以增强酚醛树脂的尺寸稳定性、弯曲强度、抗冲击强度和压缩强度等。

4.2.6.4 粉煤灰在其他化工方面的应用

吴秀文等以粉煤灰为原料，在碱性条件下合成介孔铝硅酸盐材料，所得到的介孔材料的平均孔径为 4.75nm，孔径分布主要介于 0.5 ~ 10nm 之间。以粉煤灰为原料，还可成功制得亚微米 β – SiC 粉末。研究表明，最佳合成温度为 1400℃，随着温度的升高和保温时间的延长，粉末尺寸增加。在韩国，有学者将粉煤灰与氨水混合，在控制 pH 值的情况下通过连续结晶提取 $NH_4Al(SO_4)_2$，进而由 $NH_4Al(SO_4)_2$ 反应制得高纯明矾，再在明矾的基础上制得矾土。

4.3 煤矸石综合利用

我国从二十世纪五六十年代开始开展煤矸石综合利用的相关工作，主要用于发电、制砖、复垦、充填和筑路等各方面。但"六五"之前，我国煤矸石综合利用的工业化发展缓慢，1985 年，我国工业固体废物的综合利用率只有 25% 左右，但近 80% 来源于回收废钢铁，煤矸石的综合利用量很小。"六五"之后，我国煤矸石综合利用的产业化有了显著的进展。从 1990 年至今，我国煤矸石的处理能力显著提高，从 1990 年的 2600 万吨增加至 2010 年的 3.65 亿吨，处理能力增加 14 倍。而且，我国煤矸石的综合利用量在"九五"以后发展迅速，主要与国家相关部门在"九五"期间出台的一系列相关政策有关，如国家经贸委会同相关部门出台的《煤矸石综合利用管理办法》《资源综合利用电厂认定管理办法》《煤矸石综合利用技术政策要点》等，通过这一系列的政策法规，国家采取政策鼓励、技术示范和典型引导等措施，推动了煤矸石综合利用的迅速发展，并且在此期间，我国建立了以热值为基准的煤矸石综合利用途径分类（国经贸资源［1999］1005 号《煤矸石综合利用技术政策要点》）。但这一时期我国煤矸石综合利用的技术装备落后，尚不足国际 20 世纪 90 年代先进水平的 20%，一些技术含量高的煤矸石综合利用技术还未得到广泛应用，企业规模普遍偏小，因而煤矸石利用的总体水平仍然较低。"十五"以来，我国通过技术引进、技术消化和自主开发，在煤矸石综合利用装备方面有了很大的进展，推动了我国煤矸石的综合利用。然而，随着煤炭产量的大幅度增加，煤矸石的产生量也显著增加。2010 年以后年产生量已达到 6 亿吨以上，而我国煤矸石综合利用的处理能力难以满足日益增长的产生量，煤矸石的堆存量也越来越大，2011 年达到 2.49 亿吨。而且随着我国煤炭产量的继续增长，煤矸石的产生量将继续增加，预计 2015 年生产原煤 39 亿吨，将会产生 7.76 亿吨煤矸石。同巨大的产生量相比，目前煤矸石综合利用的处理能力仍然不足。

4.3.1 在建筑行业方面的应用

4.3.1.1 煤矸石制砖

我国自 20 世纪 60 年代就在四川、辽宁等地开展了煤矸石制砖的工业化试验，1964 年，四川永荣矿务局建成国内第一座利用煤矸石为原料的矸石砖厂。此后，山东、辽宁等地也陆续建设煤矸石砖厂。如山东新汶矿务局于 1968 年 10 月建立张庄煤矿矸石砖厂，1970 年建成第一座隧道窑，日产砖 4.5 万块，1975 年又建成第二座隧道窑，年产砖增加到 3000 万块。1973～1975 年，新汶矿务局共建矸石砖厂 9 座，年产砖 6400 万块，年处理矸石 15 万吨。70 年代以来，山东肥城、兖州、龙口矿务局先后建起矸石砖厂、石灰厂。1978～1985 年，山东省统配煤矿砖厂共生产矸石砖 30390 万块。但这个时期我国的煤矸石制砖工艺简单、设备性能落后，产品性能差，处于低水平发展阶段。"七五"以来，我国引进法国、美国、意大利、德国的主要技术及设备，在煤矸石制砖装备的整体性能上有了大幅度提升，制砖生产线逐渐实现了机械化。"八五"和"九五"期间，我国引进制造煤矸石空心砖的硬塑和半硬塑挤出设备，到了 20 世纪 90 年代末，我国已能够自行制造软塑挤出、半硬塑挤出和硬塑挤出设备，形成了具有自主知识产权的煤矸石制砖技术，在煤矸石制砖的装备水平上有了很大提高，我国的煤矸石制砖技术装备水平、生产规模、产品品种和质量已能达到 20 世纪 90 年代中期的国际水平，这些进步促进了我国煤矸石制砖产业的飞速发展。"九五""十五"期间，国家对利废建材实行减免税优惠、限制黏土砖等政策，我国各大煤矿开始大力发展煤矸石制砖业，煤矸石砖也逐渐实现多品种和系列化，由实心砖向多孔砖和空心砖发展，焙烧窑也由轮窑向隧道窑方向发展，生产工艺进一步得到改进，生产线产量也有较大幅度提高，企业的生产规模由 20 世纪的最高 6000 万块的年产量增加到 1 亿块以上。截至 2005 年，我国建成煤矸石砖厂 5400 余家，煤矸石砖生产量由 22 亿块标准砖增加到 100 亿块标准砖。"十一五"以来，我国继续限制黏土砖，建设了一批大规模的煤矸石砖厂。如山西潞安集团于 2008 年建成产量大、自动化程度高的煤矸石制砖生产线，每年可处理煤矸石约 30 万吨，生产规模为年生产标砖 1.3 亿块；2006 年淮南矿业集团启动煤矸石制砖生产线项目，投产后，年消耗煤矸石约 100 万吨，生产规模达 3.2 亿标块，2012 年达到年生产 6 亿块标砖的生产能力，每年消耗煤矸石约 190 万吨。我国全煤矸石烧结砖技术装备也达到国际先进水平。目前，煤矸石常规制烧结砖、空心砖等在生产技术上已取得突破，其进一步发展主要依赖于生产工艺和先进装备的创新，此外，开发多功能、多品种的矸石砖逐步成为未来发展方向。煤矸石多孔砖如图 4-6 所示。

图 4-6　煤矸石多孔砖

4.3.1.2 煤矸石制水泥

把煤矸石应用于水泥行业是一种非常有效的利用途径。它不仅能利用矸石的热值，节省部分燃料，而且能替代水泥生产配用的黏土。我国在煤矸石生产水泥及水泥混合材方面的应用也较早，早在1964年，临沂地区水泥厂就在全国率先使用煤矸石代替高炉矿渣做混合材。但煤矸石生产水泥的工业化发展缓慢，直到2005年以煤矸石和粉煤灰为原料的水泥生产能力仅2900万吨，其原因主要是难以突破水泥中煤矸石掺加量低的技术瓶颈。我国在发展高掺量煤矸石水泥方面做了很多努力，如内蒙古蒙西水泥集团"高掺煤矸石复合硅酸盐425号R水泥"于1999年被列入国家"火炬计划"，2002年"高掺煤矸石（≥33%）生产复合硅酸盐525号R水泥"经专家评审被认定为该年度国家重点新产品。尽管如此，在实际生产中，煤矸石的掺加量仍然很低，2009年蒙西水泥集团生产的水泥中煤矸石掺量仅6.5%。而国内外在煤矸石生产水泥方面目前仍停留在如何充分激发煤矸石的水泥化活性以提高其掺加量等应用开发阶段，全球煤矸石用于生产水泥的比例尚不足15%。

煤矸石生产水泥和制砖是处理量最大、利用最彻底的方法。近年来，利用煤矸石制备建材的进展主要是在新型胶凝材料、陶粒产品、微晶玻璃、高强度多孔保温砌块等新型建筑材料方面。漆贵海以煤矸石为原料制备的复合保温砌块，在建筑围护结构中的保温隔热性能优异。刘蓉等通过适当掺配的煤矸石原料制得符合市场需求的不同密度等级人造轻骨料。随着建筑节能标准对新型墙体材料的需求，用量会更大，微晶玻璃作为当今世界一种新兴的高档建筑装饰材料，在建筑领域有良好的应用前景，新型建筑材料的发展必将极大的促进煤矸石资源化利用效率的提高。

4.3.1.3 煤矸石制混凝土

煤矸石还可利用制作混凝土，现阶段已取得突破性进展，生产的混凝土已经能达到国家的使用要求。建筑业在我国国民经济生产部门中产值居第三位，混凝土由于原料来源广、工艺简单、经济廉价、适应性强等诸多优点，在众多建筑工程领域都发挥着其他材料所无法替代的作用和功能。并且在今后相当长的时间内，钢筋混凝土结构仍是最主要的结构形式之一。但自从以混凝土为主要建筑材料开始出现了人们所未曾预料到的破坏，生产水泥产生大量的 CO_2、SO_x 等有害气体以及粉尘颗粒，无节制地使用砂石等天然骨料，这些都对生态环境造成了严重的破坏。当发展与环境保护、发展与资源节约一起综合考虑，力求协调发展之时，混凝土材料科学界也开始进行反思，混凝土材料究竟如何走可持续发展之路呢？众多研究者认为，必须深化"绿色的"观念，大力发展绿色高性能混凝土（GHPC）才是唯一的出路。何为绿色高性能混凝土，已故吴中伟院士是这样界定的，高性能混凝土应具有下列特征：更多地节约熟料水泥，降低能耗与环境污染；更多地掺加工业废料为主的细掺料；更大地发挥混凝土的高性能优势，减少水泥与混凝土的用量。

在混凝土组分中，煤矸石既可以作为细集料又可以作为粗骨料使用，煤矸石集料是非碱活性集料，因此用于混凝土中不会发生碱骨料反应；煤矸石因为内部多孔，密度要小于常用的普通集料，能配置出轻质高强的混凝土。但是正因为煤矸石集料的内部多孔的性质，会对混凝土的力学性能与耐久性能产生影响。

有研究表明采用30%含量的煤矸石砂作为细集料用于普通混凝土中，不但能提高混凝土的和易性，28d强度和耐久性能具有不同程度的提高。较大掺量的煤矸石混凝土，煤矸砂、煤矸石共同替代80%以上的天然集料，依然能配制出满足要求的不同强度等级的混凝土。张金喜通过对煤矸石集料的基本物理性能和微观构造进行试验分析，认为在一定掺量范围内，煤矸石集料不会对煤矸石混凝土力学性能产生明显的不利影响。

煤矸石用作混凝土的集料，由于其内部多孔，对于混凝土的干燥收缩性能以及抗冻性能会产生不利影响。通过试验发现虽然煤矸石混凝土的干燥收缩率和抗冻性能要比普通混凝土差，但是均满足相关规范的要求，只要我们在应用的过程中加以注意并确保混凝土的施工质量，不会对混凝土的耐久性产生深远的影响。

4.3.2　回收有用物质

例如煤、黄铁矿及Mo等稀有元素，主要方法是建立洗煤厂进行筛选。煤矸石不仅含有大量的Al、Si、Fe、Ca和农作物所需的微量元素，还有Ga、Sc、V、Ti、Co等有价元素，对这些元素的提取是煤矸石深度开发利用的重要方向。目前研究主要集中在Ga、Sc、Ti等稀有元素的富集、分离和提取技术。刘有才等采用化学选矿方法结合先进的除杂手段与技术、高效回收Ga、Al等有价资源，镓的回收率达85%以上，王现丽等研究了煤矸石制备TiO_2的工艺，为煤矸石中钛资源的回收利用进行了有利探索。因煤矸石中有价元素普遍偏低，提取和应用技术成本较高，煤矸石用量小，有价元素提取进展不大。因此，进行有针对性的技术开发，提高资源利用效率仍是今后煤矸石提取有价元素的重要课题。

煤矸石是采煤和洗煤过程中产生的含碳量低、灰分高的固体废弃物，既占地又污染环境，约占煤产量的15%，随着煤炭工业的发展，煤矸石废弃物与日俱增，其累计堆积量已经超过30亿吨，目前以每年约1.5亿吨的速度增长，是我国排放量最大的固体废弃物之一。近几年来，我国已经在煤矸石资源化综合利用方面做了大量工作，但普遍存在效率低下和二次污染问题，煤矸石的高附加值综合利用仍然是今后研究的重点。煤矸石中含有大量的有价元素，如铝、硅、铁、钙等，以及大量农作物需要的微量元素，还有稀有元素如镓、钒、钛、钴等。当矸石某种元素或几种元素富集到具有工业利用价值时就可以提取综合利用。因此，如何更有效利用其中的铝、硅、碳及微量元素，是煤矸石深度开发利用的一个方向。

（1）从煤矸石中提取氧化铝。氧化铝是生产电解铝的基本原料，也是重要的化工产品。目前国内外生产氧化铝主要以铝土矿为原料。但随着国内外有色金属需求的日趋增加和铝土矿资源的日渐衰竭，将煤矸石作为提取氧化铝的后备资源，不仅为氧化铝工业的持续发展提供了有效途径，而且提高了煤矸石的综合利用价值。

（2）从煤矸石中提取白炭黑。白炭黑是一种外观白色透明，质轻，似绒毛状蓬松粉末的非晶质二氧化硅，是重要的精细化工产品，广泛用于制药、橡胶、塑料、日用化学产品等各个领域。煤矸石中硅的含量为40%~60%，砂页岩矸石的 SiO_2 含量可高达70%，如果这些硅能有效利用，不仅解决了煤矸石废物的堆积、排放及污染问题，变废为宝，也必将带来巨大的经济效益和社会效益。

（3）从煤矸石中提取镓。镓为稀散元素，主要用于半导体工业。对于含镓高的煤矸石，特别是镓品位达到60g/t时，其综合利用应以回收镓为中心，同时兼顾煤矸石其他有用组分（主要是铝和硅）的利用。

（4）从煤矸石中提取聚合铝铁。高硫煤矸石容易自燃，自燃后形成的煤矸石称为自燃煤矸石。目前国内对自燃煤矸石的综合利用研究较少，从自燃煤矸石中提取聚合铝铁，为自燃煤矸石的综合利用开辟了一条新的途径。

（5）合成4A分子筛。分子筛是一种人工合成沸石，属于含水架状硅铝酸盐类。传统的分子筛生产利用化工原料合成的方法，由于生产成本高，阻碍了分子筛应用范围的扩大。用煤矸石（主要是其中的高岭石）等矿物原料通过碱处理而合成分子筛，以其丰富、廉价的原料，简单的工艺流程和低廉的成本而具极强的竞争力。

（6）制备系列硅铝合金。煤矸石中富含硅、铝元素，同时还含有部分的铁和少量的钛元素。通过不同的工艺和适当配料，可生产系列 Al-Si-Fe、Al-Si-Ti 合金。1）生产 Al-Si-Fe 合金。硅铝铁合金是炼钢中的主要脱氧剂。我国的一些煤矸石资源主要成分为 Al_2O_3、SiO_2、Fe_2O_3。通过分选和预处理，用直流电热炉直接冶炼。在该工艺中，煤矸石首先加工成熟料，再与煤粉制成球形颗粒，生产出满足商业要求的硅铝铁合金，此工艺能大幅度提高产品的还原速度、降低电耗和生产成本。2）生产 Al-Si-Ti 合金。铝硅钛铸造合金具有良好的机械强度、耐磨、耐蚀以及耐高温性能，传统生产方法由海绵钛与铝先制成中间体，再制成合金。该工艺复杂，流程长，成本高。采用直接电解法生产硅铝钛合金，可充分利用煤矸石中的铝、铁和钛资源。

4.3.3 在农业方面的应用

（1）生产有机复合肥。煤矸石一般含有大量的炭质页岩或粉砂岩，含有

15%～20%的有机质，以及高于土壤2～10倍的植物生长所需的 Zn、Cu、Co、Mo 等微量元素。煤矸石经粉碎磨细后，按一定比例与过磷酸钙混合，加入适量活化剂与水，充分搅匀后堆沤，可制得新型化肥。重庆煤炭研究所利用煤矸石制取氨水，产品除氢氧化铵外，还含有亚硫酸铵、碳酸铵和磷、钾等，属于复合废料；北京市勘察院与中国地质大学合作，利用煤矸石生产高浓度有机复合肥，具有速效和长效的特点，适用于各种农作物的土壤。

（2）生产微生物肥料。煤矸石中含有大量有机物，是携带固氮、解磷、解钾等微生物的理想基质。以煤矸石和磷矿粉为载体，外加添加剂等，可制成煤矸石微生物肥料，主要以固氮菌肥、磷肥、钾细菌肥为主。微生物肥料是一种广谱性的生物肥料，对农作物有奇特效用。该生产工艺投资少、易实现、污染小，具有很好的经济效益和社会效益，如2007年灵水县就年产10万吨的利用煤矸石生产生物化肥的项目在网上公布。

（3）土壤改良剂。针对某一特定土壤，利用煤矸石的酸碱性及其中丰富的微量元素和营养成分，适当掺入一些有机肥，可有效改良土壤结构，增加土壤疏松度和透气性，提高土壤含水率，促进土壤中各类细菌新陈代谢，使土地得到肥化，促进植物生长。目前，已有多家单位研究此项技术并已取得了一些成果，如中国煤炭加工利用协会。

4.3.4　复垦回填

4.3.4.1　矿山回填

用煤矸石进行矿山回填（图4-7）是一种传统处理煤矸石的方法，也是最便捷且成本较低的方法。在煤矸石用来充填煤矿的塌陷区及矿坑时，应具体分析塌陷区的地质条件选用适当的方法，才能达到合理改造再利用。除此之外，煤矸石还能作为工程利用中的混合填充物，例如当做沉陷公路、路基、堤坝等的填充物，目前煤矸石的填充物已经被广泛运用。

图4-7　煤矸石回填煤矿采空区

4.3.4.2　土地复垦

徐州矿务集团所属矿井历年累计排放煤矸石超过7000万吨,后采用煤矸石作为塌陷地的充填材料,既复垦治理了煤矿塌陷地,解决了村庄搬迁和道路建设的用地问题,又消灭了矸石山,达到一举两得的目的。安徽恒源煤电股份有限公司在2005~2006年期间,对小陈集、张庄、于楼和孟口村四个村庄实施搬迁开采,将距孟口村东南约1.5km的二采区采煤沉陷地进行矸石充填复垦,作为新村址的建筑用地,重建生态环境良好的新村落,不仅解决了远地搬迁影响村民生产和生活的难题,而且保护了矿区宝贵的耕地,同时填埋处置了矿区固体废弃物煤矸石,具有显著的社会和经济效益。

煤矸石是煤矿中夹在煤层间的脉石,以砂岩、泥岩为主,含少量石灰岩、煤屑、黄铁矿、高岭石等,是煤矿区主要污染源之一。随着煤炭工业的发展,排矸量每年仍在不断增长,可见合理有效地综合利用煤矸石,防治煤矸石排堆带来的危害已是迫在眉睫的问题,目前主要是将煤矸石用于充填复垦。其中,已燃过的煤矸石多用于充填农林复垦,未燃过的煤矸石则可充填营造基建用地,前者的关键是强酸性煤矸石的中和处理,后者则在于采取合理的充填方式和地基加固处理措施。由于煤矸石中可能含有大量重金属元素,受地下水长期浸泡,其溶出物对土壤、地下水和周围环境存在潜在污染,因此应重视二次污染的防治,减少煤矸石淋溶及有害污染物的迁移机会。在煤矸石的地球化学组成中,SiO_2的质量分数平均为55%,是煤矸石的骨架成分,因此煤矸石具有一定的硬度。煤矸石中的Hg、Cd、Pb、As、F含量等均符合我国土壤的理想水平或可接受水平,目前面临的难题是煤矸石生物活性低,有机质和氮素极度缺乏,较难生长植物。在煤矸石充填复垦的土地上须复垦耕植土,仅需添加适量微生物活化剂,经一个植物生长周期(约6个月)就可建立起稳定的植物生长层,恢复新造土地的种植能力,3~5年后就可达到高产农田的肥力。复垦费用低、效率高、效益好。煤矸石复垦过程中,在覆盖物上种植豆科植物和接种相应的根瘤菌,可有效地改善煤矸石的水气热等植物生长的基本立地条件,提高植物的固氮酶活性和固氮能力,促进复垦区氮素的积累,同时可加速矸石的进一步风化和熟化,改善其肥力状况,并获得较高的经济产量,是解决煤矸石复垦种植中氮素缺乏的一项有效途径。

4.3.4.3　填路筑基

煤矸石填埋、铺路等方面的利用(图4-8)也是煤矸石综合利用的重要途径之一。安徽省在该方面开展较早。如1973年,淮北矿务局张庄煤矿和朱庄煤矿利用煤矸石充填塌陷区造地,并在其上建起职工住宅;1983年,岱河煤矿停止向矸石山排矸,改作回填塌陷区造地,至1992年底,该矿充填塌陷区造地近50hm^2;皖北矿务局用矸石充填路基,建成了孟庄至毛郢孜煤矿全长为7.85km的铁路专用线,共用煤矸石9.9万立方米,节约取土用地7hm^2;淮北矿务局杨庄、岱河、朔里等煤矿均采用煤矸石充填部分塌陷区路基。在充填采空区方面我国也取得了很大的进展，山东新汶矿业集团孙村煤矿地表煤矸石充填系统正式生产开工，该项目利用充填物作支撑，替换井下保留的煤柱，该项目在国内煤炭行业是第一家将充填工艺用于工业化生产的煤矿。2011年我国充填采空区、塌陷区、筑基修路、土地复垦等利用煤矸石达到2.15亿吨，占煤矸石利用总量的52%。

图4-8　煤矸石铺路

4.3.5　在化工行业方面的应用

利用煤矸石中的石灰岩、岩浆岩及砂岩等可以转制氯化铝、聚合铝、水玻璃、明矾等化工用品，技术相当成熟，也能为矿区创造收益。煤矸石中所含的元素种类较多，其中SiO_2和Al_2O_3含量最高。煤矸石主要化工用途就是通过各种不同的方法提取煤矸石中某一种元素或生产含硅、铝、硫等无机化工产品。用煤矸石生产化工产品可解决传统技术不足，使其资源化，是煤矸石重要的高利用途径。但现有产品种类少、煤矸石用量小，而且不同矿区煤矸石组成差异较大。因此，需要在化学成分和矿物组成分析的基础上，进行分类综合利用。

基于煤矸石中Si、Al、Fe及硅酸盐成分制备新型化工产品的研究一直是热点和难点，新的技术和进展主要集中在活性氧化铝、沸石、絮凝剂和分子筛等新产品上，产品用于垃圾渗滤液和废水处理等环境工程领域。文献报道的分子筛结晶度好、晶形规整，对废水中COD、氨氮和重金属离子等吸附效果好。孔顺德用煤矸石制备的聚合硫酸铝铁对悬浊液去浊率96.34%。陈建龙制备的煤矸石基本基体X型分子筛能有效去除Cd^{2+}、Cr^{3+}、Cu^{2+}和Co^{3+}等离子。以煤矸石合成分子筛制备的高成本问题，又实现了煤矸石的资源化。化工新品的开发是煤矸石高效利用的主要途径，具有广泛的应用前景。煤矸石化工产品关系图见图4-9。

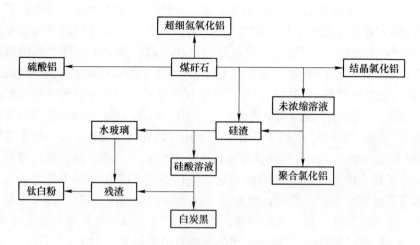

图 4-9　煤矸石化工产品关系图

4.3.6　用于发电和造气

4.3.6.1　煤矸石发电

我国煤矸石发电的历史始于 20 世纪 70 年代，四川永荣矿务局和江西萍乡矿务局首先开展煤矸石发电的工业化试验。1975 年，四川永荣矿务局 10t/h 的煤矸石发电沸腾锅炉试验成功，开创了我国煤矸石发电的历史。1979～1981 年，黑龙江省鸡西矿务局滴道发电厂 2 台机组相继投产，建立了我国第一座大容量煤矸石发电厂。1982 年，江西萍乡矿务局高坑发电厂投产，到 1985 年，3 台 35t/h 沸腾炉相继投入运行，总装机容量达到 1.8 万千瓦，加上 1980 年投产的安徽淮南八公山煤矸厂发电厂，1983 年点火试运行的重庆开滦矿务局赵各庄煤矸石电厂等，我国建立了第一批以煤矸石为原料的发电厂。

"七五"和"八五"期间，我国继续开展煤矸石电厂的建设，如萍乡矿务局建立安源煤矸石发电厂和王坑煤矸石发电厂，徐州矿务局建立垞城坑口煤矸石电厂等。早期的煤矸石电厂主要采用沸腾炉燃烧。沸腾炉燃烧效率低、能耗大、烟气中飞灰含量大、对锅炉磨损严重，发展大容量沸腾炉较难，限制了煤矸石大型发电厂的建设。与此同时，随着流化床锅炉技术出现，我国开始发展流化床发电技术。由于循环流化床锅炉对于低热值燃料有很好的适应性，我国从 20 世纪 80 年代末开始进行煤矸石电厂循环流化床锅炉的工程设计及应用工作，并成功设计了宁夏石嘴山矿务局矸石发电厂、石炭井矿务局矸石发电厂、陕西蒲白矿务局矸石发电厂、白水煤矿矸石发电厂。1990 年，邢台矿务局电厂建成采用循环流化床燃烧技术的两台 60kW 煤矸石发电机组。自此，循环流化床燃烧技术开始逐步替代沸腾炉成为煤矸石发电厂的主要供热锅炉。而且循环流化床锅炉燃料适应性广，目前已经开发多种低热值燃料的混烧发电技术。1992年，四川永荣矿务局开发的20t/h循环流化床锅炉（配用一台3MW汽轮机）在永川煤矿电厂安装成功，1994年混烧洗煤泥、煤矸石发电运行成功验收，解决了不同低热值燃料混合燃烧的技术难题；1996年，永荣矿务局电厂35t/h的循环流化床锅炉（配用一台6MW汽轮发电机组）混烧洗煤泥、煤矸石发电投入运行。循环流化床燃烧技术的出现进一步促进了我国煤矸石发电的利用，截至1996年底，全国共建成煤矸石电厂72座，装机容量80万千瓦，年利用煤矸石560万吨，节约标准煤约96万吨。"九五"期间，随着我国循环流化床发电技术的迅速发展，我国煤矸石发电技术有了较大提高，35t/h循环流化床锅炉得到广泛使用，75t/h循环流化床锅炉逐步完善并成功推广，有的还增加了电除尘和脱硫设备，135、220t/h循环流化床锅炉也进入示范阶段。这一阶段，煤矸石发电的国产化技术装备明显提高。到2000年底，全国煤矿有煤矸石、煤泥等低热值燃料电厂120座，其中"九五"期间建设的煤矸石电厂有35座，新增装机容量45万千瓦。

"十五"以来，我国重点开发大型循环流化床供热锅炉。2005年，广东梅县荷树园电厂2座135MW煤矸石劣质煤发电机组投入运行，2005年底，四川白马电厂投产首台国外引进技术的1025t/h（300MW）循环流化床锅炉。"十五"期间，我国建成煤矸石等低热值电厂201座，装机888万千瓦。"十一五"期间，我国逐渐掌握了300MW煤矸石发电技术，审批和建设了一批13.5万千瓦及以上煤矸石电厂，新增装机容量2000万千瓦，如2008年，广东梅县荷树园电厂2座300MW循环流化床资源综合利用发电机组投产发电，这是当时国内前两台具有自主知识产权的国产300MW等级的循环流化床锅炉，同时也是世界上单机容量最大的2台已投产运行的单炉膛300MW等级的循环流化床锅炉。在此期间，我国煤矸石发电已引领世界先进发展水平。2010年，我国煤矸石电厂共消耗低热值煤约1.3亿吨，相当于节约3500万吨煤炭。"十二五"期间，我国进一步发展高效率、大容量的循环流化床发电技术，《洁净煤技术科技发展"十二五"专项规划》将"60万千瓦高参数超临界循环流化床锅炉工业装备技术研究、制造及工程示范"列为重点任务。2013年，超临界60万千瓦循环流化床发电技术在四川白马得到成功应用，将进一步推广应用到煤矸石电厂的建设。而且，随着我国循环流化床发电技术的发展，入炉燃料的热值将进一步降低，更低热值（需大于5040kJ/kg）的煤矸石可用于煤矸石发电。目前煤矸石发电技术已趋于成熟，但煤矸石燃烧会产生毒气。

4.3.6.2　煤矸石造气

二次大战前，德国利用"鲁奇"式气化炉将矸石气化，所得煤气供焦炉加热使用。当矸石的发热量为6279kJ/kg时，生成煤气的发热量为4186kJ/m。前苏联也曾研究用煤矸石造气，1968～1970年乌克兰选煤研究院对顿巴斯矿区47个选煤厂排出的矸石作过分析，认为用煤矸石造气是可行的，并由哈尔科夫嫩料研究所进行气化试验，生产出来的煤气为 2930~4186kJ/m³，矸石渣可作为建材原料。1972 年在顿·巴斯米哈伊诺夫 12 号矿建设了一个煤矸石气化厂，进行半工业性试验。矸石的能源利用含碳量分类见表 4-1。

表4-1 矸石能源利用含碳量分类

序号	煤矸石含碳量	发热量/kJ·kg⁻¹	利 用 方 式
1	≤4%	≤2090	用做水泥混凝土原料，混凝土骨料，充填采矿塌陷区的充填材料生产建筑材料，如水泥，烧结砖用做电力替代燃料，加热
2	5%~10%		
3	11%~20%	2090~6270	
4	≥20%	6270~12550	

4.4 副产石膏的综合利用

国外工业副产石膏应用于建材行业已有 100 多年历史，应用最成功的国家是日本，其次是美国和欧洲。由于日本是一个矿产资源极其贫乏的国家，无天然石膏资源，所以，日本工业副产石膏（主要是脱硫石膏和磷石膏）已全部利用，基本上全部用于石膏砌块、各种石膏板、抹灰石膏等建筑制品，如此还不能满足使用要求，日本每年还要从泰国进口大量天然石膏。欧美在工业副产石膏利用方面做得也很好，脱硫石膏占到 90%，几乎所有的脱硫石膏、磷石膏全部或部分用于建筑制品。德国电厂产生的脱硫石膏主要用于纸面石膏板、石膏砌块、粉刷石膏等行业，已基本消除对环境的污染，转变成为可利用的再生资源。除了脱硫石膏、磷石膏外，国外其他类型的工业副产石膏很少，资源综合利用的压力相对于中国较小。

4.4.1 在建筑行业方面的应用

4.4.1.1 水泥工业中的应用

（1）水泥缓凝剂。在水泥的生产过程中，通常需要加入 3%~5% 天然石膏，它不仅对水泥起到缓凝作用，而且可以提高水泥强度。工业副产石膏主要成分与天然石膏相同，价格低廉，资源丰富。研究表明，工业副产石膏不仅可以完全替代天然石作为缓凝剂，而且水泥强度优于使用天然石膏。邹立等通过利用磷石膏作为水泥缓凝剂的研究表明，将磷石膏用石灰中和预处理，然后在 800℃ 条件下煅烧，再将其用作水泥缓凝剂，初凝 352min，终凝 475min，3d 抗折强度 4.2MPa、抗压强度 19.2MPa，28d 抗折强度 7.6MPa、抗压强度 39.3MPa，均高于国家标准，其性能要优于使用天然石膏，可替代天然石膏作为水泥缓凝剂。陈龙通过天然石膏、脱硫石膏、氟石膏三种水泥缓凝剂试验研究发现，氟石膏、脱

硫石膏代替天然石膏作水泥缓凝剂生产水泥完全可行，28d 抗压强度：氟石膏 >
脱硫石膏 > 天然石膏。副产石膏制水泥缓凝剂见图 4-10。

图 4-10　副产石膏制水泥缓凝剂

(2) 制备硫酸联产水泥。工业副产石膏制硫酸联产水泥工艺主要是将其高
温分解，生成的 SO_2 用于生产硫酸，CaO 用于生产水泥。工业副产石膏烘干脱水
成半水石膏与焦炭、黏土等辅料按一定配比混合、粉磨均匀后制得生料，经焙烧
成水泥熟料，再与石膏、高炉矿渣等共同粉磨制成水泥。翟洪轩在脱硫石膏制备
硫酸联产水泥研究中，通过添加 0.04% 纳米级碳酸钙和使用高温黏性粉料分料器
等新设备，发明的 "脱硫半水微包覆" 工艺技术，解决了高温下半水脱硫石膏
流动性差的难题。目前，工业副产石膏应用于水泥行业的处理量最大，这主要由
于应用于水泥行业的技术要求和成本较低。工业副产石膏中游离水含量较高，级
配较差，黏性较强，易粘设备，往往需要将其低温烘干。随着工艺技术和设备的
发展，工业副产石膏应用于水泥行业效率大大增大。但工业副产石膏中含氯、磷
以及酸性物质等对水泥的生产有害，因此使用时需要预处理，严格控制其含量。

4.4.1.2　建筑石膏材料

(1) α 型高强石膏。α 型高强石膏通常是在加压水蒸气或水热条件下溶解析
晶形成。制备的方法主要有蒸压法和水溶液法，水溶液法可分为加压水溶液法和
常压盐溶液法。温度上升的速度和压力大小是影响蒸压法的核心因素，而料浆浓
度、反应温度、转晶剂的种类和用量影响着水溶液法晶体的生长。α 型高强石膏
具有水化用水量小、强度高等优点，广泛应用于纸石膏板、陶瓷模具、粉刷石
膏、石膏装饰等方面。

目前，国内关于工业副产石膏制备 α 型高强石膏的研究较多，蒸压法和加压

水溶液法相对成熟，已经逐步转化为规模化的工业生产，而常压盐溶液法仍处于研究阶段。杨林等研究发现，以磷石膏为原料，采用加压水溶液法，在蒸压温度130℃下，蒸压6h，料浆含水量30%，加入0.13%转晶剂，制得的α型高强石膏的2h抗折强度4.2MPa、干抗压强度31.2MPa。当蒸压温度超过110℃时，在转晶剂作用下，α型半水磷石膏晶体最终由针状转化成短柱状。α型高强石膏之所以强度较高，主要是由于转晶剂改变了晶体生长，使晶体从针状转变成柱状，导致晶体间连接紧密，因此转晶剂的选择十分重要。

（2）建筑石膏。建筑石膏主要是通过使二水石膏失去一个半结晶而获得，工业生产中通常将二水石膏煅烧加工成β型半水石膏粉，再根据不同的要求及工艺制作成其他的石膏制品。张康研究发现，在170℃、煅烧2h、标准稠度用水量0.9的条件下，用氟石膏制备的建筑石膏粉2h抗折强度1.88MPa、抗压强度6.00MPa。高惠民等采用磷石膏试验表明，在煅烧温度180℃、煅烧2h、陈化条件5d、水膏比0.7的条件下，制得的建筑石膏粉抗折强度3.08MPa、抗压强度5.28MPa。

尽管氟石膏、磷石膏以及脱硫石膏都可以制成建筑石膏，但其性能参差不齐。不同的工艺条件导致工业副产石膏杂质成分不同，脱硫石膏杂质成分简单，含量少；而氟石膏和磷石膏往往需要采用水洗、中和或者浮选等方法预处理，减少杂质中的含氟、磷以及酸性物质，以降低对石膏流动性和强度的影响。工业副产石膏通常颗粒较细，级配不均，究其根本是二水硫酸钙晶体生长较差，宏观上体现为强度低。因此，探究产生工业副产石膏的不同工艺因素对二水石膏晶体生长的影响至关重要，是解决建筑石膏粉强度普遍偏低的探索方向。

（3）石膏砌块。石膏砌块是一种以建筑石膏或无水硬石膏为主要原料，掺加适量水泥、矿渣、粉煤灰、外加剂等制成的一种新型轻质内墙材料，它具有耐火、环保、隔热、减噪等特点。

王裕银等通过研究发现以建筑氟石膏为原料，在添加早强剂20%、复合激发剂2%的条件下，氟石膏砌块的各项指标符合国家相关要求。卫生等通过试验确定的配比为脱硫石膏60%、粉煤灰40%、早强剂10%、减水剂0.5%、激发剂2%、水膏比0.25制得的脱硫石膏砌块抗压强度7.5MPa。工业副产石膏制作石膏砌块存在的主要问题在于耐水性和强度不佳，受颗粒细度影响，实际用水量高，干燥后石膏砌块出现大量孔隙，吸潮后，二水硫酸钙溶解，破坏晶体结构，导致强度下降，还易出现"泛霜"现象。国内研究主要通过添加改性剂，降低用水量或形成防水层；加入活性火山灰等物质生成不溶于水的物质减小晶体之间空隙以提高强度。

（4）石膏板材。石膏板是一种以建筑石膏为原料，连续浇注在2层护面纸之间的一种新型建筑板材，它具有质地轻、隔热、减噪等特点。

　　翁仁贵等利用氟石膏制备石膏板的研究发现,掺加适量的激发剂硫酸铝钾或硫酸钠可以显著提高氟石膏的活性,缩短其初凝与终凝时间,且硫酸铝钾效果更好。以氟石膏为原料,在硅酸盐水泥5%、锯末0.5%、玻璃纤维1%条件下制作的石膏板抗折强度7.2MPa、抗压强度26MPa。类似于石膏砌块和石膏板材的石膏制品在工业生产时都需要具有良好的适应性和流动性,过快或过慢的凝结时间都不利于操作并且影响产品质量,因此改性剂的使用和研发极为重要。目前,我国利用工业副产石膏制作石膏板材的技术相对成熟,已经形成规模化的生产。

　　(5) 粉刷石膏。粉刷石膏主要是一种在建筑石膏加入适当的集料、外加剂、废渣等制成的气硬性质的胶凝材料,它具有适应性好、可塑性强、黏结性佳等特点。

　　钱利娇等先将脱硫石膏在200℃下煅烧2h,面层粉刷石膏在水膏比0.5、聚羧酸减水剂:柠檬酸:甲基纤维素醚:木质纤维 = 0.07%:0.15%:0.1%:0.1%的条件下,干抗折强度3.2MPa、干抗压强度7.03MPa;底层粉刷石膏在水膏比0.6、砂膏比1:1.5,聚羧酸减水剂:柠檬酸:甲基纤维素醚:木质纤维 = 0.07%:0.15%:0.1%:0.1%的条件下,干抗折强度3.27MPa、干抗压强度6.71MPa。王锦华等的氟石膏基粉刷石膏的应用研究表明,在保水剂掺量10%、砂膏比1:2的条件下,氟石膏基粉刷石膏各项性能指标都能满足国家标准要求,并且具有良好的抗收缩性和抗冻性。与其他石膏建筑制品相比,粉刷石膏需要加入更多的外加剂以改善其各项性能,如缓凝剂、保水剂及黏结剂等。近年来,国内研究多从各类改性材料的选择、用量以及配比等方面进行研究。总体而言,通过加入改性材料对工业副产石膏改性已经成为当前综合利用研究的重要方向。

4.4.2　在农业方面的应用

　　工业副产石膏的主要成分与天然石膏差异不大,因工业副产石膏还可以用于农业生产、土壤改良以及生物降解等方面。车顺升等探索发现,磷石膏中大量的钙离子可以置换土壤中钠离子从而平衡土壤酸碱度,同时丰富磷元素和硫元素为植物提供充足的养分,促进植物的生长。王立志等通过脱硫石膏改良土壤发现,施用脱硫石膏能显著降低土壤pH值,但土壤盐分含量增加,尤其是Ca^{2+}、Mg^{2+}含量增加。

　　石膏可以用作土壤的改良剂,如脱硫石膏可改良盐渍化土壤、滩涂围垦土壤、油污盐碱土壤、酸性土壤、碱化土壤等。陕西省洛惠灌溉试验站研究探索开发利用磷石膏的新途径,根据对磷石膏农业利用的科学论证,提出了以磷石膏为主要原料,采用化学法对西北地区盐碱性土壤进行改良的课题项目。通过利用磷石膏富含的钙离子交换盐碱土壤中的钠离子调节土壤酸碱度,利用磷石膏中含有的硫、磷、镁等有效养分,有效改良盐碱地土壤的理化性能,促进土壤耕层脱盐，降低土壤碱化度，改变盐碱土化学性质，达到改造中低产田，提高盐碱地土壤生产能力的目的。邵玉翠等对天津滨海盐渍化土壤施用有机物与脱硫石膏混合土壤改良剂对盐渍化土壤进行改良，考察了不同配方改良剂及不同施用量水平下，土壤全盐量、碱化度（ESP）、交换性钠、pH 值、土壤盐分离子的变化规律以及改良剂施用量与大白菜产量的相关关系。通过对天津市东丽区新立村园田土壤施用 2 种配方、3 个施用量（1500、3000、4500kg/hm²）与不施加改良剂这 7 个处理的大白菜（秋绿 75）种植试验，发现有机物——脱硫石膏土壤改良剂明显改善土壤通透性、降低土壤容重、增加土壤总孔隙度，使土壤中盐分离子组成比例发生变化。土壤 Cl^-、土壤交换性 Na^+、土壤 pH 值和土壤碱化度（ESP）随着改良剂施用量增加而减少。试验确定了改良剂的最佳施用量为 3000kg/hm²。结果表明：施用有机物——脱硫石膏土壤改良剂不仅能够改善土壤的理化环境，而且可以提高作物抗病能力，提高白菜产量。

4.4.3 在环保领域的应用

研究发现，磷石膏具有吸附 CO_2 的作用。李季等发现在种植小麦温室中施用磷石膏，温室的 CO_2 排放量会减小（磷石膏对麦田 CO_2 排放和小麦产量的影响及其经济环境效益分析）。周静等用磷石膏制备纳米氧化钙基吸附剂用以吸附二氧化碳（磷石膏制备纳米氧化钙基二氧化碳吸附剂工艺的优化）。

4.5 赤泥的综合利用

赤泥根据氧化铝生产工艺不同，可分为烧结法、拜耳法和联合法赤泥，主要成分主要为 SiO_2、Al_2O_3、CaO 和 Fe_2O_3 等。一般赤泥中含有较高的碱分，较高的铁矿物含量，由于赤泥的产生工艺，决定了赤泥的颗粒分散性好、比表面积大、在溶液中稳定性好等特点，在环境修复领域具有广阔的应用前景。概括地说，对赤泥的综合处理有三类办法：一是将赤泥作为矿物原料，整体利用；二是提取其中有用组分，回收有价金属；三是赤泥在环保领域中的应用。

4.5.1 在建筑行业方面的应用

4.5.1.1 生产水泥

国内外实践表明，赤泥可生产出多种型号水泥。任冬梅等综合评述了利用赤泥生产水泥的研究进展。俄罗斯第聂伯铝厂利用拜耳法赤泥生产水泥，生料中赤泥配比可达 14%。日本三井氧化铝公司与水泥厂合作，以赤泥为铁质原料配入水泥生料，水泥熟料可利用赤泥 5~20kg/t。俄罗斯沃尔霍夫、阿钦和卡列夫氧化铝厂以霞石为原料，利用产生的赤泥生产水泥，进行石灰石、赤泥两组分配料试验，每吨水泥可利用赤泥 629~795kg，为烧结法赤泥的综合利用开辟了有效途径。我国山东铝厂早在建厂初期就对赤泥综合利用进行了研究，在 20 世纪 60 年代初建成了综合利用赤泥的大型水泥厂，利用烧结法赤泥生产普通硅酸盐水泥，水泥生料中赤泥配比年平均为 20%～38.5%，水泥的赤泥利用量为 200～420kg/t，产出赤泥的综合利用率 30%～55%。由于赤泥含碱量高，赤泥配比受水泥含碱指标制约。为更加有效地利用赤泥生产水泥，山东铝业公司已完成国家"八五"科技攻关项目"常压氧化钙脱碱与低碱赤泥生产高标号水泥的研究"和"低浓度碱液膜法分离回收碱技术"，使以烧结法、联合法赤泥为原料生产水泥的技术向前迈进了一大步，提高了赤泥配比，使赤泥配料提高到 45%，并提高了水泥质量，由以生产 425 号普通水泥为主，提高到以生产 525 号水泥为主。

利用赤泥为主要原料可以生产多种砖。邢国等、杨爱萍、张培新、Nevin 等分别报道了利用赤泥生产免蒸烧砖、粉煤灰砖、黑色颗粒料装饰砖和陶瓷釉面砖。以烧结法赤泥制备釉面砖为例，其主要工艺过程为：原料—预加工—配料—料浆制备（加稀释剂）—喷雾干燥—压型—干燥—施釉—煅烧—成品。该法生产的陶瓷釉面砖，以赤泥为主要原料，取代了传统的陶瓷原料，不但可以降低原材料费用，而且具有极大的环保意义。

4.5.1.2　利用赤泥生产加气混凝土砌块

当前，加气混凝土砌块多为利用钙质材料和硅质材料加水磨成料浆，并在高温高压的水热条件下进行化学反应，生成硅酸盐托贝莫来石等胶结材料与集料结合起来和发气剂反应，形成具有均匀气孔分布的轻质整体。它是一种具有多孔结构的建筑墙体材料，孔隙率高达 70%～80%，具有容重小、强度高等特点，其抗压强度为 1.5～7.0MPa，是一种有利于生态环境的墙体结构材料。

利用赤泥为原料生产多孔硅酸盐制品生产加气混凝土砌块，其容重、抗压强度均符合国家标准，最佳配比（质量分数）为：水泥 15%、石灰 12%～15%、赤泥 35%～40%、硅砂 33%～35%。赤泥加气混凝土的生产工艺与其他加气混凝土基本相同，且赤泥不需再次煅烧，也不需再烘干，因此，其生产成本经济，生产工艺可行。赤泥加气混凝土（图 4-11）是加气混凝土的新品种，已成为综合利用赤泥的新途径。

4.5.1.3　赤泥路面基层材料

利用堆存的烧结法赤泥开发高等级的路面基层材料是一项被看好的大规模消耗赤泥的综合利用技术。基于齐建召对赤泥道路材料的试验研究工作基础上，淄博市淄川区修建了一条宽约 15m、长约 4km 的赤泥路面基层材料公路。经过淄博市交通局现场钻芯取样，表明赤泥路面基层达到了石灰工业废渣稳定土的一级和高速路的强度要求，为赤泥综合利用技术推广创造了良好的示范效应。

4.5.1.4　制备新型功能性材料

赤泥既是对 PVC（聚氯乙烯）具有补强作用的填充剂，又是 PVC 的高效、

图4-11 赤泥混凝土

廉价的热稳定剂，使填充后的 PVC 的制品具有优良的抗老化性能，制品比普通的 PVC 制品寿命长 2~3 倍。同时，因为赤泥的流动性要好于其他填料，这就使塑料具有良好的加工性能。且赤泥聚氯乙烯复合塑料具有阻燃性，可制作赤泥塑料太阳能热水器和塑料建筑型材。以赤泥为主要原料，在不外加晶核剂的情况下，可制得抗折、抗压强度高，化学稳定性好的微晶玻璃，它不仅是建筑装饰材料，还可用作化工、冶金工业中的耐磨耐蚀材料。赤泥废物生产微孔硅酸钙绝热制品是一种新型环保节能材料，它具有容重轻、导热系数低、抗压和抗折强度高、使用温度高、施工方便、损耗率低、可重复再利用等优良性能，又具有可锯、可刨、可钉等易加工优点，已广泛应用于工业设备和管道的保温。以赤泥作为主要原料，添加赤泥用料在 30% 以上，加入石灰、膨润土外加剂等材料，采用动态法生产工艺可研制开发赤泥微孔硅酸钙保温材料，所制得的保温材料制品符合 GB/T 10699—1988，各项指标均达到国家标准要求，主要指标优于国家标准，具有显著经济效应和环境效益。此外，由赤泥还可制备人工轻骨料混凝土、红色颜料、水煤气催化剂、橡胶填料、赤泥陶粒、流态自硬砂硬化剂、防渗材料和杀虫剂载体等新型材料。

4.5.1.5 利用赤泥生产硅钙复合肥

赤泥中除含有较高的 Si、Ca、K、P 等成分外，还含有数十种农作物必需的微量元素。赤泥脱水后，在 120~300℃烘干活化、并磨细至粒径为 90~150μm，即可配制硅钙农用肥。它可使植物形成硅化细胞，增强作物生理效能和抗逆性能，有效提高作物产量、改善粮食品质，同时降低土壤酸性、作为基肥改良土壤。山东铝厂生产的硅钙肥在济宁等地的缺硅土壤中的实验表明，该肥对水稻、玉米、地瓜、花生等农作物均有增产效果，一般为 8% ~ 10% 。但目前对这一技术很少使用，其原因是长期使用，容易引起渗漏，造成地下水污染。

4.5.2　回收有用物质

由于赤泥中含有一定的有价金属和非金属元素，如含有大量的氧化铝、氧化铁、氧化硅、氧化钙、氧化锌等，此外还含有微量元素 Ti、Ni、Cd、K、Pb、As 等，是一种宝贵而丰富的二次资源，因此对赤泥中有价金属和稀有稀土元素的回收具有重要的意义。

4.5.2.1　回收铁

烧结法赤泥由于经过 1200℃ 高温煅烧，其中含大量的 $2CaO \cdot SiO_2$ 等活性矿物组分，可以直接应用建筑材料生产。拜耳法冶炼氧化铝采用的是强碱 NaOH 溶出高铝、高铁、一水软铝石型和三水铝石型土矿，所产生的拜耳法赤泥中不存在 $2CaO \cdot SiO_2$ 等活性成分，另外含铁高，耐腐蚀性差，很难直接用于建材行业。虽然希腊的有关学者在赤泥作为烧制水泥原料方面进行了研究，但赤泥掺量只有 3% ~ 5% ，与赤泥巨大的产生量相比，这种利用方式并不能彻底解决问题。虽然采用从赤泥中提取 Ti、Sc 等稀有金属的工艺可以获得较高附加值的产品，但一般成本较高、流程复杂，在国内推广困难。针对拜耳法赤泥中铁含量较高的特点，国内外对拜耳法赤泥中回收铁进行了广泛研究，可以实现赤泥中铁的回收利用。目前，我国则采用直接还原焙烧、磁选制得铁精矿产品之后，进一步将铁分离后的残渣即对铁提取后、仍占原赤泥总量 60% 以上的残渣用于生产建筑材料，从而可以实现拜耳法赤泥零排放的可行途径。广西冶金研究院开展赤泥炼海绵—磁选分离铁的研究，使铁的回收率从 30% 上升到 85.86% 。另外有报道采用焙烧还原—磁选—浸出工艺、直接浸出—提取工艺回收 Fe 等，回收率达到 90% 以上。

4.5.2.2　提取稀有金属

目前，从赤泥中回收稀土金属的工艺是采用酸浸出工艺，其中包括盐酸浸出、硫酸浸出、硝酸浸出等。

希腊科学家 Petropulu 等研究了不同浓度的盐酸、硫酸、硝酸及二氧化硫气体压力等浸出条件（如浸出时间、温度、液固比）对浸出回收率的影响。结果表明，在浸出剂浓度均为 0.5mol/L、温度为 25℃ 、浸出时间为 24h、固液比为 1:50 条件下，其浸出率依次为硝酸>盐酸>硫酸，但相差不是太大，其中硝酸浸出时，钪的浸出回收率为 80% 、钇的浸出回收率达 90% ，重稀土（镝、铒、镱）浸出回收率超过 70% 、中稀土（钕、钐、铕、钆）浸出回收率超过 50% 、轻稀土（镧、铈、镨）浸出回收率超过 30% 。由于硝酸具有较强的腐蚀性，且不能与随后提取工艺的介质相衔接，因此，大多采用盐酸或硫酸浸出。此工艺侧重回收钪、钇，而其他稀土的回收率不高，特别是轻稀土的回收率较低。同时还研究了赤泥用盐酸浸出—离子交换和溶剂萃取分离提取钪、钇、镧系元素（REE）。该工艺是将干燥赤泥与一定量的碳酸钠、硼酸钠混合，在1100℃熔烧20min，用1.5mol/L的盐酸浸出后，采用Dowex50W离子交换机和X8离子交换树脂吸附，用1.75mol/L的盐酸解吸，铁、铝、钙、硅、钛、钠等首先被解吸，钪、钇、REE则留在树脂中，再经6mol/L的盐酸解吸后，在pH值为0、液固比为5～10的条件下用0.05mol/L DEHPA进行萃取分离，有机相中的钪用2mol/L氢氧化钠反萃，经进一步提纯可制得纯度较高的三氧化二钪。

Petropulu等研究了用稀硝酸酸浸赤泥，采用离子交换法从浸出液中分离钪、镧系元素的方法。工艺过程为：赤泥与稀硝酸（0.6mol/L）混合（液固比为200∶1），搅拌1h，在常温常压下浸出。在这个过程中赤泥中碱被酸中和溶解，酸的浓度应控制在0.5mol/L左右，钪、钇、镧系等稀土金属能从赤泥中溶解出50%～75%。然后，取出溶解液体，通过离子交换柱，进行离子交换。采用耐强酸阳离子型树脂，然后用0.5mol/L的硝酸淋洗。在此研究中，作者确定了酸浸过程中的固液比、硝酸的浓度、浸出液酸度控制等参数，而且进行溶剂萃取富集提纯钪及其他稀土的半工业化试验取得了成功。

俄罗斯的Smirnov等研究了一种树脂在赤泥矿浆中吸附—溶解新工艺，回收富集钪、铀、钍。该工艺在硫酸介质中将赤泥矿浆与树脂搅拌混合，钪、铀、钍等被选择性吸附于树脂中，经筛网过滤。10级逆流吸附，进入树脂相中的钪为50%、铀96%、钍为17%、钛为8%、铝为0.3%、铁为0.1%，提纯后可得98%～99%的钪。

我国学者尹中林对从平果铝矿的拜尔法赤泥中提取氧化钪进行了初步实验研究。步骤是首先用盐酸浸赤泥，接着用P_2O_4、仲辛醇、煤油从酸浸液中萃取钪，盐酸反萃除杂后，用氢氧化钠溶液反萃取，得氢氧化物沉淀。再用盐酸溶解，用TBP、仲辛醇、煤油萃取钪，经水反萃后，加酒石酸、氨水进行沉淀，将沉淀物灼烧得到二氧化钪产品，纯度可达95.25%。

我国学者徐刚研究和总结了一些国内外专家在这方面的研究成果。指出了目前从赤泥中提取钪的主要方法有：（1）还原熔炼法。赤泥、炭粉、石灰—生铁、含铝硅炉渣—苏打浸出—钪进入浸出渣（白泥）；（2）硫酸化焙烧。赤泥、浓硫酸（200℃焙烧1h）—2.5mol/L硫酸浸出（固液比为1∶10）—浸出液（含）；（3）酸洗液浸出。赤泥—灼烧—废酸浸出—铝铁复盐（净水剂）、浸出渣（高硅，保温材料）、浸出液（钪10mol/L）；（4）硼酸盐或碳酸盐熔融。赤泥熔融—盐酸浸出—离子交换NON-RE-Sc/RE分离。

赤泥含有较多的钙（$w(CaO)=20\%～40\%$）和钠（$w(Na_2O)=8.30\%$），主要矿物成分是冶炼过程中生成的方钠石、钙霞石、方解石等。钪和稀土含量却大大高于铝土矿原矿，赤泥中钪和稀土含量明显受铝土矿成分影响。

从近几年的研究成果看来，从赤泥中回收稀有金属工艺在技术上是可行的。要实现工业化，关键在于能否找到一种经济、节能和环保的工艺。

4.5.3　在环保领域中的应用

（1）吸附废水中放射性金属离子。土耳其研究者研究用赤泥吸附水中的放射性元素 Cs_{137}、Sr_{90}。赤泥使用前要经过水洗、酸洗、热处理三个步骤，以产生类似吸附剂的水合氧化物。赤泥的表面处理有助于 Cs_{137} 吸附，但热处理对赤泥表面吸附 Sr_{90} 的活性点不利，导致对 Sr_{90} 吸附能力不高。据日本报道，用酸活化过的赤泥吸附水中的铀，然后用碱液解脱，铀回收率达 97%，使用过的赤泥可用 35% 盐酸再生。

（2）除去废水中的重金属离子。三井石化的研究结果表明，将赤泥在温度 600℃ 焙烧 30min，然后加入含有 Cd^{2+} 3.5mg/L、Zn^{2+} 4mg/L、Cu^{2+} 5mg/L 的废水中，搅拌 10min，可分别除去 98% 的 Cd^{2+}、Zn^{2+}、Cu^{2+}。赤泥的加入量为 500mg/L。徐进修曾进行拜耳法赤泥处理含 Cu^{2+}、Zn^{2+}、Cd^{2+}、Pb^{2+} 废液的探索试验。不经焙烧的赤泥直接处理废液可使其达排放标准。

（3）除去废水中的 PO_4^{3-} 等离子。Jyotsnamayee 等将赤泥在 20% HCl 溶液中回流 2h，取回流溶液并让其冷至室温，添加浓氨水至回流液完全析出沉淀。用蒸馏水将沉淀洗至无铵离子，将沉淀在 110℃ 干燥即可制成活化赤泥，其比表面积为 $249m^2/g$。在室温下，活化赤泥使用量为 2g/L，可将浓度范围为 30 ~ 100mg/L 的 PO_4^{3-} 脱除 80% ~ 90%。此方法可用于处理磷肥厂的废水。Shiao 曾用 20% 盐酸处理过的赤泥除去溶液中的 PO_4^{3-} 取得较好的结果。在 10min 内，含 50mg/L PO_4^{3-} 的溶液脱磷率达 50%、120min 脱磷率达 72%，其吸附效果与当时被认为是最好的脱磷剂相当。

（4）用作某些废水的澄清剂。Namasivaya 将赤泥用作制酪业废水处理的絮凝剂，在赤泥用量为 1304mg/L 时，废水的混浊度、BOD、COD 油脂、细菌数的脱去率分别为 77%、71%、65%、73%、95%。Vladislav 将经酸活化过的赤泥用作纺织行业废水的絮凝剂和混凝剂。其处理废水过程如下：先将颜色很深的废水用石灰乳调至 pH = 8.5，加入活化赤泥，其用量为 5 ~ 6kg/m³。被处理的废水的透明度从 61.6% 增到 95%，COD 从 1400mg/L 下降到 163mg/L，脱除率 88.4%，BOD 下降 95%，使用过的赤泥可经盐酸活化后再使用。上述研究表明，赤泥处理废水的适应面广，既可处理含放射性元素、重金属离子、非金属离子废水，也可用于废水的脱色、澄清，而且经赤泥处理的废水达排放标准。赤泥处理废水的方法简单、成本低，使用前景较好。

（5）治理含硫废气。Bekir 等曾将赤泥在 105℃ 干燥，然后在 450℃ 焙烧 1h 活化。活化后的赤泥可在 500℃ 时，吸附流量为 106 ~ 115mL/min、含量为 18%

的来自火力发电厂、制造业烟囱中的 SO_2，脱硫效率为 100%。循环 10 次后，脱硫效率仍达 93.6%。Lammier 等研究赤泥作为氨选择还原废气中氮氧化物的催化剂。该研究发现，在由氨还原 NO 过程中，赤泥具有中等程度的催化活性，但经 $Cu(NO_3)_2$ 浸渍的赤泥可提高催化氨还原 NO 的活性。而在氨还原 N_2O 过程中，赤泥则具有较高的催化活性。

另外，国外近期开展的研究表明赤泥在氮氧化物吸收和二氧化碳的吸收上具有一定的作用。陈义等对氧化铝厂拜耳赤泥吸收净化 SO_2 废气进行了研究。拜耳赤泥吸收 SO_2 的过程起作用的主要是化学中和反应，其次是物理吸附。赤泥有很小的粒度和非常大的比表面积，分析数据表明，粒度小于 $45\mu m$ 的赤泥占总量 50% 以上，比表面积可达到 $10\sim20m^2/g$，小粒径及大比表面积均可加大化学反应速度和反应深度，符合脱硫过程中的粒度要求。因此，拜耳赤泥作为 SO_2 的吸收剂，具有吸收效率高、吸硫量大、流程简单等优点。

4.6 冶炼渣的综合应用

目前钢渣的综合利用方式主要有：（1）回收有用物质；（2）制备建筑材料；（3）在农业中的应用；（4）复垦造地；（5）在环保领域的应用。

4.6.1 在建筑行业方面的应用

4.6.1.1 水泥

安庆锋等在水泥熟料中掺入矿渣和高达 40% 的锰铁渣微粉配制出强度等级达到 52.5 级的绿色复合水泥。李文斌等在机立窑上利用硅锰渣、镍渣、煤矸石配料烧制熟料，并用粉煤灰作为混合材生产普通硅酸盐水泥，这不仅能够减少环境污染，还能降低水泥生产成本和提高水泥质量，具有显著的社会效益和经济效益。有研究表明，锰渣具有潜在的水硬性和火山灰性，采用物理方法可以激发锰渣的活性，一般采用化学激发，能最大限度的提高其活性，使其能够有效地代替部分水泥，掺入到混凝土中利用。韩静云等人利用锰铁渣代替部分水泥，制作成水泥砂浆试件并测试其强度，结果表明锰渣的掺量在 30% 左右时，不影响试件强度。

铜渣配制水泥是其综合利用的一个重要途径有些在化学成分上与水泥相近的铜渣与水泥相差甚远的铜渣。可通过脱铁等处理后，也能用于配制水泥。水淬铜镍渣（$w(SiO_2)=29.27\%$、$w(Al_2O_3)=38.13\%$、$w(FeO)=35.92\%$、$w(Fe_2O_3)=0.20\%$、$w(CaO)=2.64\%$、$w(MgO)=11.02\%$、$w(S)=0.80\%$、$w(R_2O)=2.15\%$）磨细后，掺入水玻璃作硬化剂，并以未经粉碎的铜镍渣作杂料，可配制使用温度为 800℃ 的耐火混凝土。水淬铜渣作水泥掺合料，掺入量达 8%～10%，水泥标号降低不大。还有铜渣代替铁粉作矿化剂，用料约占配料的 2%～4.6%，效果良好，可以降低能源消耗，减少游离氧化钙数量。

沈冶用铜鼓风炉渣进行过制粒铁半工业试验，把脱铁后渣作矿渣水泥。白银有色金属公司用铜炉渣作水泥。云南冶炼厂用铜电炉水淬渣配制水泥。中条山有色公司水泥厂用铜淬渣作水泥校正剂，提高了水泥质量，显著降低了成本，年节资 13 万元。

4.6.1.2 制砖

从尾渣中回收有价元素后，仅能实现对尾渣中少量有价元素提取，但并不能有效减少尾渣数量。仍不能从根本上解决尾渣侵占土地、破坏和影响生态环境问题。中国黄金矿床类型复杂，围岩种类多样，部分矿床中金属矿物含量稀少。脉石矿物比较纯净，尾渣可作为重要非金属原料或建筑材料直接利用。2005 年国家全面禁止生产黏土烧结砖，为了满足建筑行业不断增加的建材需求，需要寻求一种储量大、廉价的建筑材料，于是黄金尾渣就被用来作为免烧砖的替代材料。朱敏聪等将金矿尾渣和生石灰、石膏按质量比为 78∶20∶2 混合后，采用高温蒸压养护工艺，制备出抗压强度达到 GB 11945—1999《蒸压灰砂砖》MU15 级要求的砖。晏拥华等利用页岩作胶结剂，采用传统的烧结砖生产工艺和真空挤出成型等方法，试制出金尾渣掺量为 40%（质量分数）的尾渣页岩烧结空心砖。杨永刚等采用干压硬塑成型法，在金矿尾渣掺量为 90%（质量分数）、成型水分质量分数为 8%~9%、成型压力为 15MPa、烧结温度为 1000℃实验条件下，制备出强度达到 MU10 级的普通烧结砖。S. Roy 等以黄金尾渣为原料，黑棉土和红土为添加剂，制备烧结砖，添加 65% 和 75% 的黑棉土、50% 和 45% 的红泥，烧结砖的成本分别为普通黏土砖的 0.74、0.72、0.83 和 0.85 倍。

4.6.1.3 混凝土

在混凝土生产中，将冶炼渣用作混凝土集料，可以极大地节约了石子、砂子等不可再生资源，降低生产成本，变废为宝，具有良好的经济与社会效益。Wang 实验测量了冶炼渣的膨胀力，建立了冶炼渣颗粒、单位体积冶炼渣与膨胀力的关系，可以通过冶炼渣的体积与粒径得出其最大膨胀力，并以冶炼渣中水合氧化物（$w(CaO)/w(MgO)$）含量作为其使用标准，规范冶炼渣的使用范围。实验结果表明，将该冶炼渣作为粗集料使用时，硅酸盐水泥混凝土的体积稳定性能和抗压强度等性能指标合格，适合在工业上推广应用。Shoya 等人采用粉碎后的冶炼渣作细集料探讨了自密实混凝土中的孔隙率与抗冻性能。

4.6.1.4 微晶玻璃

微晶玻璃，又称玻璃陶瓷，是综合玻璃和陶瓷技术发展起来的一种新型材料。在基础玻璃中加入 TiO_2、ZrO_2 等晶核剂，经热处理等即可得含微细晶粒的陶瓷状材料，即微晶玻璃。金矿尾砂主要化学成分是 SiO_2 和 Al_2O_3，且含有制造硅酸盐玻璃所必需的 MgO、CaO、K_2O、Na_2O 等，因此可用来制备微晶玻璃。

刘心中等以黄金尾渣为主要原料，根据尾砂成分主要为 Al_2O_3 特点，引入 MgO、CaO 等成分，形成 $CaO\text{-}Al_2O_3\text{-}SiO_2$，系微晶玻璃。并以此为基体，添加各种着色剂等助剂制成各种颜色微晶玻璃花岗石。

4.6.2 回收有用物质

冶炼渣中有价金属主要为铜、铅、锌和银，因钢铁冶炼渣中含有大量的 Fe、Mn、CaO、MgO、SiO_2 等有用成分，综合利用的目的主要是回收其中的 Fe 和 Mn 等有价金属资源，充分利用 CaO、MgO、SiO_2 等有用成分替代石灰石等炼钢炼铁炉料，降低生产成本，尽可能减少钢铁企业钢铁冶炼渣的排放堆存量，改善企业及其周边环境。

含有多种有价金属，如有色重金属元素 Cu、Zn、Pb、Co、Ni 等，贵金属元素如 Au、Ag，黑色金属元素如 Fe。

4.6.3 在农业方面的应用

冶炼渣中含有硅钙磷等元素可用来生产多种农肥，改良土壤。国内进行过一些试验，认为铜渣作底肥可增产粮食 $10\% \sim 20\%$，可抗倒伏，但长期使用有使土壤板结的危险。东德研究了铜矿渣粉作铜肥，在施了氮、磷、钾肥的土壤上，种植大麦、小麦、向日葵和黑麦，进行盆栽和大田的铜肥效试验，结果表明凡施了铜矿渣粉的都增产了。

硅是水稻生长需求量最大的元素，含 SiO_2 15%（质量分数）的钢渣磨细至 60 目以下，即可作硅肥，用于水稻生产，一般每亩施用 100kg，增产 10% 左右。

此外，CaO、MgO 含量高的钢渣磨细后，可作为酸性土壤改良剂，并且利用了钢渣中的 P 和各种微量元素，用于农业生产中，可增强农作物的抗病虫害的能力。

4.6.4 复垦回填

利用尾渣回填矿山采空区是直接利用尾渣最行之有效的方法之一，尤其对于那些无法设置尾渣库、当地建筑材料市场较小的矿山企业，利用尾渣回填采空区就具有更大的环境和经济意义。由于开采矿产资源时地下会形成大量的采空区，近年来不断有矿山采空区地陷的报道，给当地的居民带来重大的安全隐患和财产损失，企业已经考虑对废置的矿井矿坑进行回填。黄金尾渣是一种较好的填充料，可以就地取材、废物利用，免除采集、破碎、运输等生产填充料碎石的费用。一般情况下，用尾渣作填充料，其填充费用较低，尾渣、骨料再加一些水泥在合理的工艺条件下就可实现矿井和矿山回填。而且一些建在巷道、采空区浅地层之上的城镇也可利用黄金尾渣作回填材料进行井下填充，以防止地面坍塌与陷落，保证城镇建筑物安全和居民生命与财产的安全。黄金尾渣另外一个用途就是复垦造田。氰化物分解后会转化为天然肥料，这为尾渣库复垦创造了良好条件，在尾渣堆积物上种植农林作物、生命力强作物，对于保护环境、防止污染都有积极作用。在一些邻近城市或土地相对紧张的矿山，对矿山复垦造田尤为有利。尾渣库复垦不仅防止扬沙，而且美化环境，减少污染，兼具经济效益、社会效益和环境效益。尾渣复垦造田主要有两种方法。一种是在废渣表面覆盖一层土壤，然后种植植物。此方法虽然最有效，但是覆盖处理需要大量的"好土"，不仅要考虑取土以及运输等一系列问题，而且费用较高，因而影响推广应用。另一种方法是直接在尾渣砂上种植植物。针对尾渣库复垦难的状况，山东某市在尾渣库不覆土的条件下种植火炬树，结果表明火炬树的抗旱、耐寒、耐瘠薄能力远远高于其他树种，不仅成活率高，而且生长快，可节省复垦费用95%。

另外，利用钢渣对水中As、Cr、P等有害元素吸附的选择性，可用作被污染水域的水质净化剂。

4.7　电石渣的综合利用

目前，国内电石渣综合利用率达100%，主要是用于建材、化工、环境治理。

4.7.1　在建筑行业方面的应用

4.7.1.1　水泥

电石渣中含有大量的$Ca(OH)_2$，是制造水泥熟料的优质钙质原料，其粒度很细，几乎不需要粉磨即可满足水泥熟料的生产要求。用其部分或全部代替石灰石生产水泥也是目前电石渣综合利用中最为彻底的方法。根据电石渣的排放量和化学成分，配制其他硅质、铁质等原料烧制水泥，合理确定建设规模，可将电石渣全部利用。用电石渣配料生产水泥熟料，不仅能减少对石灰石资源的消耗，而且可以减少CO_2气体的排放。目前全国已有近20家企业将电石渣用作钙质原料生产水泥，如吉林化工厂、天津化工厂、贵州有机化工总厂等都建有一条水泥生产线消化总厂所排电石渣。

但是，用电石渣配料生产水泥与通常的原料配料生产水泥有很大区别，需考虑预热器与分解炉的结构。主要原因在于：（1）电石渣中$Ca(OH)_2$分解温度不同于石灰石中的$CaCO_3$分解温度，电石渣中含有较多的毛细水和结晶水，$Ca(OH)_2$的分解温度约为580℃，而石灰石中的$CaCO_3$分解温度约为750℃；（2）电石渣中的$Ca(OH)_2$分解吸热与石灰石中的$CaCO_3$不同，前者约为1160kJ/kg，后者约为1660kJ/kg；（3）电石渣较细，脱水较早，在温度较高的旋风筒和分解炉的锥部易于堵塞，不利于连续稳定生产，因此，用电石渣配料生产水泥熟料时首先应解决此问题。

电石渣的主要化学成分是 $Ca(OH)_2$，经工业废酸硫酸酸化后，可得到一种含有三氧化硫的电石渣。毛锡双等人认为改性后的电石渣不仅化学成分与天然石膏接近，而且矿物组成也很相近，可以代替天然石膏作为水泥的缓凝剂。邱树恒等对掺用改性电石渣作缓凝剂的水泥的性能所作的研究表明水泥安定性合格，凝结时间正常，强度比掺用天然石膏的水泥强度高。改性电石渣的最佳掺量为6.5%。电石渣制水泥见图4-12。

图 4-12　电石渣制水泥

4.7.1.2　直接作电石膏

在一些石灰石资源贫乏的地区，经压滤或静置存放一段时间的电石渣可作为电石膏出售。研究表明，电石渣膏和石灰膏的理化性能很接近，其容重、细度、有效氧化钙及氧化镁含量等指标均符合或超过一、二等石灰膏的等级标准。在使用灰膏略高时，二者配制的水泥砂浆膏强度相当且规律效果上，同等条件下，电石渣膏砂浆的抗压强度比石灰膏略高，二者配制的水泥砂浆膏强度相当且规律一致，实际使用效果较好，节约了石灰和石灰石资源，可产生较好的经济效益。

4.7.1.3　生产石灰

在石灰石资源较丰富的地区，电石渣由于具有较强的保水性，含水量高而影响其直接的使用价值，经板框压滤机压滤或较长时间静置堆放的陈渣含水量均在35% ~45%（质量分数），运输不方便，还会影响其使用成本，若不能就近建水泥厂消化它，很难大规模处理。在这种情况下，采用简捷的烘干方式制成熟石灰出售不失为一种较好的方法。笔者曾做过试验，150℃以上的温度能较快使经压滤的电石渣或长时间静置堆放的陈渣脱去外在水分，变成浅白色的熟石灰。温度越高，干燥越快，当温度升至650 ~750℃以上，电石渣则被迅速脱去外在水分后又开始脱去内在水分，使 $Ca(OH)_2$ 分解成纯白色的松散粉状生石灰。在这一过程中，高温使电石渣中残留的少量炭粉被燃尽，使产物变成纯白色。电石渣被脱去外在水分后，使用范围将大大拓宽，用户使用时又易于与其他物质混合均匀，同时解决了运输问题和使用问题。烘干脱水后的熟石灰可作商品出售，部分替代石灰直接用做建筑材料或出售给其他水泥厂作原料。从经济上考虑，电石渣宜在较低的温度下脱去外在水分后出售，否则将增加生产成本。

4.7.1.4 生产建筑砌块

将粉煤灰、水泥、电石渣、强化剂和水等按一定比例混合均匀，在成型机上压制成型，经自然养护或水蒸气养护即为成品砖。该产品具有一系列优良性能：

(1) 优良的防火性。电石渣与混凝土相比，其耐火性能高 5 倍。(2) 良好的保温隔热特性。电石渣砌块的保温性能是砖瓦层、砂浆抹面、混凝土的 3～5 倍。(3) 墙体较轻，抗震性好。以双面抹灰的黏土实心砖墙体为例，半砖厚墙自重为 $296kg/m^3$，一砖墙体自重为 $524kg/m^3$，而 100mm 厚的空心砌块墙体自重约为 $90kg/m^3$，相当于实心砖墙体质量的 25.0%～33.3%。(4) 空心砌块配合精密，墙体清洁平整，一般不需要抹灰，即可刷涂料、贴壁纸或粘贴装饰面砖等。(5) 干法施工时施工速度快，每人每天可铺砌块 20～40m² 的墙面。(6) 提高了居住舒适度，电石砌块具有呼吸功能，可调节室内气候。(7) 空心砌块是一种绿色建材。利用电石渣生产空心砌块时，生产过程中不会产生对人体有害的物质。因此，对保护和改善生态环境十分有利。

4.7.1.5 筑路

利用电石渣和粉煤灰并掺合黄土来制造公路路基材料。首先，不仅产生的环境影响比传统路基材料小，而且综合利用了电石渣、粉煤灰等固体废弃物，并因替代石灰和水泥，减少石灰石资源的开采，减少环境污染和环境破坏；其次，电石渣替代石灰，不但可以减少石灰石资源的开采，减少环境污染，而且可以大大降低市政公路建设的费用；第三，用电石渣代替石灰，一方面，避免了消灰、筛灰、装灰、卸灰时对环境的污染，也相对改善了施工环境，环境污染程度的降低，也必然减少了与百姓和地方人员协调的压力；第四，由于电石渣未经消解，电石渣稳定土不会出现"空鼓"现象，容易控制铺灰厚度和均匀度，同时也会降低对拌和设备的磨损率。所以应用电石渣取代石灰，可以带来可观的经济效益和社会效益。

杜红庆等详细研究了电石渣固化粉土和黏土的无侧限强度和劈裂强度。徐庆飞利用二等电石渣和Ⅲ级粉煤灰制备固土材料，在电石渣和粉煤灰掺配比为 1:2 时，掺量为土质量 30% 时能够满足二级和二级以下道路底基层的使用要求。李立新、薛明研究证明了电石渣和粉煤灰的固土机理与二灰土的机理一致。田永等对电石渣用作公路路基材料的研究表明，电石渣粉煤灰稳定土与石灰粉煤灰、水泥粉煤灰路面基层材料和混凝土、水泥稳定碎石等传统路面基层材料相比较，其温室气体、酸雨气体排放量和资源能源消耗量均较低，环境影响较小。

4.7.2 在环保领域中的应用

4.7.2.1 处理废水

中国现有的大中型造纸厂数万家，每年排放的废水量高达40亿立方米，占全国总废水排放量的十分之一，并且造纸废水含有大量有机物、氯酚类物质等，其成分复杂、毒性较大，对环境和人类健康产生了巨大的威胁。目前，国内外处理造纸废水一般采用一级沉降、二级生化方法进行处理，但还是存在有机物含量高、色度大的问题。

东北电力大学化学工程学院和中国石油吉林石化公司乙烯厂合作，以电石渣、硅酸钠、硫酸铝为原料制备PACSS复合混凝剂，解决了电石渣废物污染的问题，并达到了废物利用的目的。本研究确定了制备PACSS的最佳工艺条件：$pH = 2$，$w(SiO_2) = 6\%$，最佳缩聚反应时间1h，$w(Ca)/w(Si) = 0.5$。PACSS复合混凝剂对造纸废水的处理具有良好的效果，在最佳加药量下有机物、色度去除率高达93.8%、88.6%。与传统的混凝药剂相比，PACSS具有明显的优势，是一种具有开发和利用价值的水处理剂。

内蒙古兰太实业股份有限公司开展电石渣中和反应处理工业酸性废水的研究，并从中回收提取$CaCl_2$产品。在产品干燥过程中应注意排除水分，以免在高温条件下$CaCl_2$与水作用生成CaO和HCl，使产品又回复到原料状态。工艺流程简单、操作方便、设备简易、成本低，经济效益高，在工业生产上具很大的可行性。该项研究一方面解决环保处理和废水污染环境的问题，另一方面回收$CaCl_2$，给企业带来了经济效益。

4.7.2.2 处理废气

电石渣在烟气脱硫中应用十分广泛。电石渣可用于燃烧后和燃烧中脱硫。电石渣浆应用于锅炉烟气脱硫的技术为电石渣的处理提供了一条清洁的、可持续的一种循环利用模式。电石渣在燃烧中脱硫主要应用于型煤固硫法和循环流化床锅炉中。四川夹江节煤科研所将电石渣应用到型煤固硫法中，效果明显。首先将电石渣人工烘干，用电石渣替代部分黄土，然后将煤、黄土、电石渣混合在一起，经过破碎、搅拌、成型，最后生产出低硫蜂窝煤。低硫蜂窝煤比普通蜂窝煤上火快、火苗高，增强了火力。检测炉灰，固硫率达70%以上。如果将低硫煤再外包裹一层电石渣，则脱硫率可达95%以上。

目前已在国电集团的太原第一热电厂、山东恒通化工有限公司热电厂、福建省东南电化股份有限公司等多家电厂脱硫项目中使用，循环流化床（CFB）锅炉燃烧脱硫。CFB煤种具有适应性强、脱硫效率高、氮氧化物排放低等多种优点，在中小型锅炉中应用的数量巨大。因此电石渣在其中的应用前景广阔，取得了较好的环保效益和经济效益。

南宁化工股份有限公司以电石浆替代石灰应用于石灰－石膏湿法锅炉烟气脱硫后，2011 年，设施的脱硫效率为 98.8%，SO_2 的平均排放浓度为 117mg/m³（标态）；2012 年，设施的脱硫效率为 92.9%，SO_2 的平均排放浓度为 103mg/m³（标态）。设施建成投运后，整个脱硫系统运行平稳，在线监测数据显示 SO_2 平均排放浓度为 100 ~ 200mg/m³（标态），远远低于国家 900mg/m³（标态）的排放标准。

4.7.3　在化工行业方面的应用

（1）电石渣生产环氧丙烷、环氧乙烷、氯仿。用氯醇法生产环氧丙烷时，可用石灰渣浆代替石灰作皂化剂，将丙烯、水和氯气在一定温度和压力条件下得到氯丙醇，氯丙醇再与电石渣发生皂化反应，生成环氧丙烷。

在氯油法氯仿生产中以乙醛为原料，经氯化得氯油后加到碱解釜中，与石灰乳破解生成粗氯仿，再经水洗、沉降、精馏得到氯仿成品。经处理过的电石渣浆可替代石灰乳用于氯仿生产。

（2）电石渣生产氯化钙。电石渣可以替代石灰石或石灰与 HCl 反应生产氯化钙，既可减少污染，又可产生一定的经济效益。氯化钙主要用于基建防护剂、载冷剂、水处理等，无水氯化钙可用于干燥剂。

（3）电石渣生产纯碱。电石渣的主要成分为 $Ca(OH)_2$，而氨碱法生产纯碱需要 $Ca(OH)_2$，因此可利用电石渣替代石灰石用于纯碱生产。目前，山东某氯碱企业已将电石法 PVC 生产过程中产生的电石渣全部应用于 200 万吨/年纯碱的生产。

（4）电石渣生产氯酸钾。将电石渣浆中的杂质除去，用泵将电石渣乳液送至氯化塔，去除游离氯后，再用板框压滤机去除固体物，所得滤液与氯化钾进行复分解反应可生成氯酸钾，氯酸钾主要用于制取氧气、氯气，用做助燃剂。该技术已有企业应用。

（5）电石渣制备碳酸钙。利用电石渣中的 $Ca(OH)_2$，对电石渣浆进行除杂及碳化处理，根据工艺条件的不同可生产系列碳酸钙产品，如轻质碳酸钙、活性碳酸钙、高纯工业碳酸钙、各种形状的超细碳酸钙、纳米碳酸钙等。但电石渣生产碳酸钙目前仅限于实验室研究阶段，虽已有几项获得专利，但尚未实现生产。

（6）电石渣制备氢氧化锂。随着中国机电工业和汽车工业的发展，促进了 LiOH 消费的迅速增长。传统制备 LiOH 是以锂矿石为原料进行生产，但随着含锂矿石的日益减少和品位逐渐下降，人们逐渐将目光转向了占地球锂资源的 91% 盐湖锂资源。电石渣的主要成分为 $Ca(OH)_2$，可与富含锂的碳酸盐性湖盐生产的粗碳酸锂生产氢氧化锂，这样既保护了环境，又促进了盐湖资源的综合利用和可持续发展。青岛大学张志强等采用盐湖粗 Li_2CO_3 与电石渣苛化法生产 LiOH 晶体的方法，制得的 LiOH 产品纯度为 90%，若需获得高纯度的 LiOH，还需进一步净化。

（7）电石渣制备融雪剂。20 世纪 80 年代，美国 DOT 公司首次研究成功 CMA（乙酸钙镁盐）环保型融雪剂，其绿色环保性得到世界的公认，但由于原材料的价格问题，使 CMA 融雪剂难以进行工业化应用和推广。山西省交通科学研究院以氯碱企业生产的废弃物电石渣为原料生产乙酸钙融雪剂的工艺条件，得出最佳反应条件为反应温度 50℃、氢氧化钙与乙酸摩尔之比为 1∶2.9、乙酸浓度 16mol/L，加水量 16mol/g 电石渣。制备样品的 TG 分析表明，得到了纯度较高的乙酸钙产品，融雪实验显示该产品相对氯盐融雪剂，环保型良好具有很好的融雪效果。

（8）电石渣生产次氯酸钙。将电石渣配制成含一定量有效氧化钙的液体，通入氯气可制得次氯酸钙：

$$2Ca(OH)_2 + 2Cl_2 \longrightarrow Ca(ClO)_2 + CaCl_2 + 2H_2O$$

齐齐哈尔化工总厂用本厂生产 PVC 产生的电石渣浆液（小于 50℃）直接通氯法，使废氯气、废电石渣得到综合利用，并成功地生产出合格的次氯酸钙漂白液，获得了良好的社会效益和经济效益。控制条件可制得漂白粉，将除杂处理过的具有一定浓度的电石渣浆通氯氯化，不断取样，在显微镜下观察晶型的变化，直到出现大量针状结晶，停止氯化，经压滤、烘干、粉碎即得漂白粉。反应方程式如下：

$$Ca(OH)_2 + Cl_2 \longrightarrow Ca(ClO)_2 \cdot 2Ca(OH)_2 \cdot 2H_2O + CaCl_2 + H_2O$$

5 大宗工业固废脱硫现状

5.1 二氧化硫气体污染物控制

5.1.1 SO₂ 的性质与来源

SO₂ 是无色有刺激性气味的有毒气体，比空气重，易液化，易溶于水（约为 1:40），其溶液被称作"亚硫酸"溶液。SO₂ 气体同时具有还原性与氧化性，其中以还原性为主。SO₂ 是一种酸性气体，与碱反应生成亚硫酸盐，亚硫酸盐可被空气中的氧气氧化为硫酸盐。SO₂ 最突出的环境特征是它在大气中也能被氧化，最终生成硫酸或硫酸盐，是酸雨和光化学烟雾的成因之一。

大气中 SO₂ 的来源分为两大类：天然来源和人为来源。天然来源包括火山喷发、植物腐烂等，大约占大气中 SO₂ 总量的 1/3。人为活动是造成大气中 SO₂ 含量上升的主要原因。人为来源主要包括矿物燃料燃烧和含硫物质的工业生产过程。SO₂ 排放量较大的工业部门有火电厂、钢铁、有色冶炼、化工、炼油、水泥等。

人为活动排入大气中的 SO₂，随着生产的发展，以惊人的速度增加。1990 年以来，中国 SO₂ 排放量总体呈波动上升趋势，由 1990 年的 1495 万吨增加到 2006 年的 2588 万吨，SO₂ 排放量急剧增加，严重威胁人民健康，影响环境安全。近年来我国制定了一系列政策控制 SO₂ 的排放，并取得了可喜的成果。我国 SO₂ 排放量至 2006 年达到峰值，之后逐年减少。生活 SO₂ 排放主要源于居民生活燃煤，总体排放量逐年减少。工业排放主要源于火力发电、工业锅炉、窑炉等以煤炭为燃料和原料的产业，2006 年之后 SO₂ 工业排放量逐年下降，工业 SO₂ 排放量占 SO₂ 排放总量的 85% 以上。近年来我国 SO₂ 排放量现状如表 5-1 所示。

表 5-1 2001 ~ 2010 年中国 SO₂ 排放量　　　　　　　　　　（万吨）

年份	2001	2002	2003	2004	2005	2006	2007	2008	2009	2010
SO₂ 排放总量	1947	1926	2158	2254	2549	2588	2468	2321	2214	2295
工业 SO₂ 排放总量	1566	1562	1792	1891	2168	2235	2140	1991	1866	1864
生活 SO₂ 排放总量	381	364	366	363	381	353	328	330	348	431

5.1.2 SO_2 的危害

5.1.2.1 对人体的危害

SO_2 对人体健康的影响，具有长期、广泛、慢性作用等特点。SO_2 可溶解于人体的血液和其他活性液中，使人免疫力降低，并导致多种疾病，如慢性支气管炎、眼结膜炎症等。SO_2 若与飘尘和水形成 H_2SO_4 酸雾被吸入肺部后，将滞留在肺壁上，可引起肺纤维病变。不同浓度 SO_2 的危害详见表5-2。

表5-2 空气中不同 SO_2 含量危害

浓度/mL·m^{-3}	对人体影响
0.01 ~ 0.1	由于光化学反应生成分散性颗粒，引起视野距离缩小
0.1 ~ 1	植物及建筑结构材料受损害
1 ~ 10	对人有刺激作用
1 ~ 5	感觉到 SO_2 气味
5 ~ 10	人再次环境下进行较长时间的操作时尚能忍受
10 ~ 100	对动物进行试验时出现种种症状
20	人因受到刺激而引起咳嗽流泪
100	人仅能忍受短时间的操作，喉咙有异常感，喷嚏、疼痛、胸痛，且呼吸困难
400 ~ 500	人立刻引起严重中毒，呼吸道闭塞而导致窒息死亡

5.1.2.2 对动植物的危害

SO_2 对动物机体的损害，尤其是脊椎动物与人体相似，主要体现在呼吸系统的损害，可导致肺炎、支气管哮喘等疾病，严重时可导致死亡。

硫元素是植物必需的一种营养元素，在正常植物中都含有一定量比例的硫元素。空气中少量的 SO_2，经过叶片吸收后可进入植物的硫元素代谢过程中。在土壤缺硫的条件下，大气中含少量的 SO_2 对植物生长有利。如果 SO_2 浓度超过极限值，对植物就会引起伤害，导致叶色褪绿，变成黄白色；危害严重时，引起叶片萎蔫，叶脉褪色变白，植株萎蔫，直至死亡。SO_2 对植物的危害与光照、湿度、温度等因素有关，一般来说，光照越强，温度、湿度越高，植物对 SO_2 的敏感性越大。大麦、小麦、棉花、梨树等对 SO_2 较敏感；而洋葱、玉米、梧桐、柳树、松树等对 SO_2 有抵抗性。

5.1.2.3 对生态系统的危害

SO_2 是造成硫酸型酸雨的罪魁祸首。酸雨对生态系统的危害主要表现在两个方面：（1）对水生系统，会影响鱼类和其他生物群落，改变营养物和有毒物的循环，使有毒金属溶解到水中并进入食物链，使物种减少，使许多河、湖水质酸化，导致许多对酸敏感的水生生物种群灭绝，湖泊失去生态机能；（2）对陆地生态系统的危害，主要是土壤和植物，对土壤的影响包括抑制有机物的分解和氮的固定，淋洗钙、镁、钾等营养元素，使土壤贫瘠化。

5.2 脱硫技术

5.2.1 燃料脱硫

燃料脱硫主要分为煤炭脱硫和燃油脱硫两种。

5.2.1.1 煤炭脱硫

煤炭是我国的主要能源，占一次能源消耗的 70% 左右，煤炭主要用于发电、炼焦、化工原料等，煤中硫在炼焦过程中会影响焦炭质量，在合成气生产中则会增加煤气脱硫负荷，而在燃煤发电过程中则会产生 SO_2，造成大气环境污染。治理 SO_2 所引起的环境污染，从煤炭源头上就进行脱硫处理是一个标本兼治的好方法，经过长时间的发展，脱硫技术在现代化工处理过程中已经非常成熟。

按照煤炭脱硫的基本原理，基本可以分为化学脱硫、物理脱硫和生物脱硫法等。物理脱硫法即通过含硫化合物与煤炭本体的物理化学性质不同而进行脱硫操作。物理脱硫法主要包括重力脱硫法、磁电脱硫法、浮选法脱硫、辐射脱硫法等。但是物理脱硫法的最大缺点是对煤炭中的有机硫束手无策。由于煤炭中有机硫含量较大，仅用物理脱硫法，精煤硫分不能达到环境保护条例的要求。化学脱硫法即通过发生化学反应，将煤炭中的所有无机硫和部分有机硫脱除，主要包括热压浸出脱硫法、溶剂法脱硫。常压气体湿法脱硫、高温热解气体脱硫、化学破碎法等。化学脱硫法效率高，能够脱除物理脱硫方法难以脱除的有机硫，但是其工艺复杂、化学反应条件苛刻，更加重要的是经过化学脱硫法处理的煤炭可能会发生黏结、变质，对煤炭品质造成影响。生物脱硫是通过微生物的作用，利用特定细菌或酶的噬硫特点，高效率的脱除煤炭中的含硫化合物。生物脱硫可以分为生物表面改性浮选法、微生物絮凝法和生物浸出法等。生物脱硫法中的微生物能够自身繁殖，且以硫为食物，操作过程真正做到了绿色、无污染。此外，生物脱硫技术不会对煤炭本身性质造成破坏，煤炭损失量少、效率高、成本低。但目前脱硫效果好的微生物品种较少，培养周期长、操作繁琐，环境条件要求高，脱硫成本高，限制了大规模的工业应用。

清洁煤技术是我国主要发展的清洁能源技术之一，近年来人们开发出了一系列新型煤炭脱硫技术如微波脱硫技术、电化学脱硫技术、微波 - 微生物联合脱硫技术等，对于降低煤炭中硫含量和解决 SO_2 污染问题有重要意义。

5.2.1.2 燃油脱硫

液体燃料中有机硫化物主要以噻吩、苯并噻吩及其他噻吩衍生物形式存在，同时含有少量的硫醚、硫醇和二硫醚。目前燃料油脱硫常用的技术有加氢脱硫技术、生物脱硫技术、催化氧化脱硫技术、吸附脱硫技术等。

催化加氢脱硫是目前世界炼油工艺中广泛采用的燃料油脱硫精致技术。催化加氢脱硫是在高温（300～340℃）、高压（1～10MPa）及临氢条件下，通过氢解将燃料油中的含硫化合物转化为相应烃类物质和硫化氢，达到脱硫目的。但该法对于具有芳环的噻吩类硫化物脱除效果差，且需要专门催化剂，在高温、高压下脱硫，因此设备投资和操作费用较高。生物脱硫技术是利用水相中的微生物的生长代谢脱除燃料油中硫元素的方法。生物脱硫技术对二苯并噻吩类含硫化合物非常有效，但由于其在脱硫速度和稳定性方面的问题没有得到较好的解决，限制了生物脱硫技术在燃油脱硫中的工业化应用。氧化脱硫技术是以有机硫化物氧化为核心的一种深度除硫技术，即将有机硫化物转化成极性较强的物质，在通过液 - 液萃取方法分离除去。氧化脱硫法可在低温（100℃以下）常压下进行，且对燃油中的非硫化物的影响也不大。氧化脱硫技术的缺点是工艺流程较长、氧化产物与油品的分离过程复杂、燃油收率低、氧化剂成本较高。吸附脱硫技术的基本原理就是将燃料与对硫化物具有特殊选择性的吸附剂进行充分接触，将硫化物或硫原子吸附到吸附剂上而从燃料油中脱除，吸附剂经再生后循环使用。吸附脱硫具有投资和操作费用低、脱硫效率高的特点，近年来发展较快。

低硫甚至无硫清洁燃料油已成为世界燃料油生产的必然趋势，因此，提高燃料油脱硫技术势在必行，研究高效节能的脱硫方法已成为一种必然趋势。除以上几种常规的脱硫方法外，近年来相继出现了许多新型燃油脱硫方法，如离子液体脱硫、水蒸气催化脱硫、萃取 - 氧化脱硫、催化精馏脱硫、电化学聚合脱硫、生化学脱硫等。

5.2.2 烟气脱硫

烟气脱硫（flue gas desulphurization，FGD）技术是应用最为广泛、技术也最为成熟的脱硫方法。烟气脱硫方法脱硫剂的物相分类可分为干法、半干法和湿法。干法采用固相吸收剂、吸附剂或催化剂脱除烟气中的 SO_2。干法工艺过程简单、能耗低、无污水、废酸排放等二次污染问题，但脱硫效率较低，设备庞大、投资大、占地面积大，操作技术要求高。半干法是指脱硫剂以湿态加入，利用烟气显热蒸发浆液中的水分。在干燥过程中，脱硫剂与烟气中的二氧化硫发生反应，生成干粉状的产物，从而达到脱硫目的。半干法具有投资低、无二次污染、设备腐蚀小、系统简单、占地面积小、温降低和脱硫终端产物易处理等优点，缺点是脱硫率较低，设备磨损严重，原料成本高。湿法通常采用碱性溶液作吸收剂脱除 SO_2。湿法脱硫效率高且稳定、设备简单、操作容易；缺点是存在废水、副产物处理问题，初始投资大，运行费用较高。

5.2.2.1 干法脱硫技术

A 活性炭吸附法

活性炭具有较强的吸附性能和良好的催化氧化活性和可加工性能，是应用最为广泛的吸附剂之一，常被用于空气中有害气体的净化。活性炭法烟气脱硫技术是利用活性炭的吸附性能或催化氧化性能脱除烟气中的 SO_2，同时回收硫资源的烟气净化技术。

由于实际工况条件下烟气成分十分复杂，因此活性炭吸附脱硫过程十分复杂，特别是当烟气中存在水蒸气以及氧气时，其吸附反应过程将变为一个既有物理、化学吸附反应共同发生，又同时存在气、液两相反应相互影响的一个复杂反应体系。而活性炭在此反应体系中不仅起到吸附作用，同时又起到一定的催化作用。活性炭脱硫过程大致可分为以下三个步骤：

（1）废气中的二氧化硫、氧气和水分首先会扩散到活性炭的表面；

（2）二氧化硫、氧气和水分从活性炭表面进一步扩散到炭质材料微孔中，最终到达活性炭的活化位；

（3）二氧化硫、氧气和水分在活性位发生催化、氧化、硫酸化等吸附反应，从而达到二氧化硫气体脱除的目的。

目前对于 SO_2 在活性炭上的吸附反应机理及其在孔结构中的传递方式还没有一种明确的理论说明，但较为普遍认可的吸附机理为 Isao Mochida 等人提出的（C 表示活性炭表面的活性位，– 表示吸附作用）：

$$SO_2 + C \longrightarrow C - SO_2 \tag{5-1}$$

$$O_2 + C \longrightarrow C - O \tag{5-2}$$

$$H_2O + C \longrightarrow C - H_2O \tag{5-3}$$

$$C - SO_2 + C - O \longrightarrow C - SO_3 \tag{5-4}$$

$$C - SO_3 + C - H_2O \longrightarrow C - H_2SO_4 \tag{5-5}$$

$$C - H_2SO_4 + nC - H_2O \longrightarrow C - (H_2SO_4 \cdot nH_2O) \tag{5-6}$$

总体来说分如下两步：

$$SO_2 + O_2 \longrightarrow C - SO_3 \tag{5-7}$$

$$C - SO_3 + C - H_2O \longrightarrow C - H_2SO_4 \tag{5-8}$$

在整个吸附反应中，大多数的二氧化硫会被氧化，最终生成 H_2SO_4，仅有极少数 SO_2 以原状态储存在炭质材料孔隙中。但随着吸附反应的进行，活性炭对 SO_2 催化能力会有较大提高。经过一定时间的吸附，活性炭的吸附性能会逐渐降低，影响 SO_2 的吸附，对活性炭进行再生，一方面使其恢复吸附性能，另一方面可回收硫资源。但在脱附的过程中会出现活性炭的损耗以及吸附效率降低等现象。常用的再生方法有加热再生法、洗涤再生法等。

太原钢铁（集团）有限公司炼铁厂 2 台烧结机烟气（SRG）采用活性炭吸附法脱硫工艺。针对脱硫富集 SO_2 烟气流量小、温度高、SO_2 浓度高、尘含量高并含有氟、氯、氨、汞等有害杂质的特点，烟气制酸设计采用喷淋塔——一级泡沫柱洗涤器—气体冷却塔—二级泡沫柱洗涤器—二级电除雾器稀酸洗净化、二转二吸

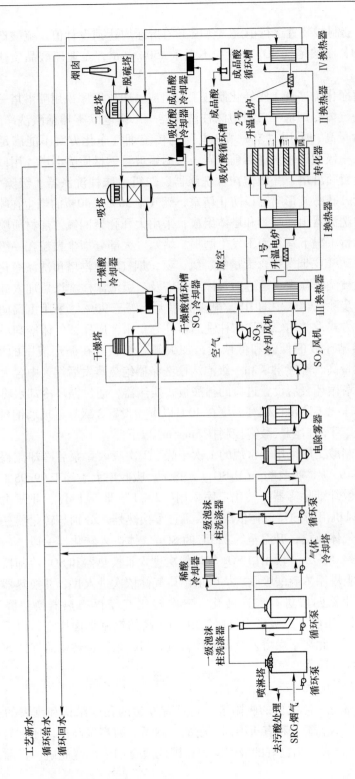

图 5-1 喷雾干燥法烟气脱硫工艺流程

工艺流程。2 套制酸装置运行稳定，各项工艺指标均达到设计值。硫酸产量分别达到 26.38t/d，制酸尾气 SO_2 浓度均不大于 450mg/m^3，工业硫酸品质达到国家优等品标准。

该工艺由净化工序和干吸转化制酸工序组成。净化工序采用喷淋塔——级泡沫柱洗涤器—气体冷却塔—二级泡沫柱洗涤器—二级电除雾器稀酸洗净化工艺。SRG 烟气尘含量高，采用"空—填—电"的传统烟气净化方案不能满足净化要求。因此，在一级泡沫柱洗涤器前设置 1 台耐氟玻璃钢材质喷淋塔，用以预洗涤净化烟气。设置喷淋塔、一级泡沫柱洗涤器、二级泡沫柱洗涤器 3 级除尘设备。喷淋塔采用大开孔螺旋形喷嘴以防止堵塞，烟气中 30% ~40% 的烟尘在喷淋塔内除去。泡沫柱洗涤器由逆喷管和塔体组成，采用大开孔聚四氟乙烯材质喷嘴，可以在较高固含量工况下运行而不发生磨损、堵塞。大部分烟尘颗粒在一级泡沫柱洗涤器内除去。SRG 烟气中含大量氟、氯、氨，烟气经喷淋塔预洗涤净化后，部分氟、氯、氨被洗涤除去。通过向气体冷却塔及二级泡沫柱洗涤器加入硅酸钠溶液的方式进一步除去烟气中的 HF，氟去除率大于等于 90%。采用由稀向浓、由后向前的串酸方式，并向二级泡沫柱洗涤器补充新水，以保证气体冷却塔与二级泡沫柱洗涤器循环液的低温和低浓度，加大氟、氯、氨在循环液中的溶解度。SRG 烟气水含量高，经喷淋塔和一级泡沫柱洗涤器绝热蒸发后烟气中含大量饱和水。气体冷却塔循环泵后设置进口的稀酸板式换热器，通过循环冷却水将热量移出系统，控制净化工序出口烟气温度在 40℃ 以下。设置 2 级导电玻璃钢材质电除雾器，将净化工序出口烟气酸雾控制在 5mg/m^3 以下。

干吸转化制酸工序采用了常规的 1 次干燥、2 次吸收、泵后冷却流程。干燥酸 $w(H_2SO_4)=93\%$，吸收酸 $w(H_2SO_4)=98\%$，吸收率大于等于 99.95%。吸收塔塔顶设置高效纤维除雾器。转化工序采用"3 + 1" Ⅲ、Ⅰ-Ⅳ、Ⅱ两次转化换热流程。SO_2 风机出口 SO_2 气体依次进入Ⅲ、Ⅰ换热器，分别与转化器三段出口和一段出口热气体换热，升温至约 415℃ 的 SO_2 气体进入转化器一段。一次转化 SO_2 转化率约 94.5%，三段出口 SO_2 气体依次进入Ⅲ换热器和 SO_2 冷却器换热降温，再送入一吸塔用浓硫酸吸收。一吸塔出口气体依次进入Ⅳ、Ⅱ换热器换热升温，再进入转化器四段进行二次转化。二次转化气经Ⅳ换热器换热降温至约 162℃ 进入二吸塔吸收，二吸塔出口尾气由 60m 高的钢制烟囱排空。由于净化后烟气氧含量低，因此在干燥塔入口设置稀释风阀门，根据进转化器气体 SO_2 浓度和氧硫比指标配入适量空气。

B 分子筛吸附法

沸石分子筛是一种优良的吸附剂，它具有发达的孔隙结构和巨大的比表面积、性质稳定、不溶于水和有机溶剂，耐酸、耐碱、耐高温高压，便宜易得，对 SO_2 等腐蚀性气体表现出良好的吸附能力，因此适合用于烟气脱硫。目前，虽然已合成了各种各样的沸石分子筛，但大多数仍处于实验室研究阶段，工业上应用最多的是铝硅酸盐分子筛。

高硅类沸石分子筛在热和在酸性环境比活性炭稳定性好，在350℃下，主要以物理法吸附烟气中的SO_2，当温度高于500℃，化学吸附起主要作用。沸石分子筛中以丝光沸石和斜发沸石较好，虽然它们的比表面积并不是最大，但对SO_2的静吸附容量比活性炭高，并可用热空气再生。

采用分子筛吸附法脱除工业尾气中SO_2的系统已较成熟。在20世纪70年代中期，美国研制的天然沸石经改性处理得到脱硫剂取得成功，并于1974年在俄亥俄州利根市铜冶炼厂建立了第一座工业净化装置。整个流程由吸附、解吸再生和冷却构成，在450℃下吹洗可解吸出二氧化硫返回制酸，脱硫剂得到再生，全过程只有吸附、解吸再生和冷却，流程简单，无结垢和废水淤泥等问题。经两年上千次的吸附解吸循环，脱硫效果仍很好。

5.2.2.2 半干法脱硫技术

半干法烟气脱硫技术兼有干法与湿法的一些特点，脱硫剂在湿状态下脱硫，在干状态下处理脱硫产物，以其兼有湿法脱硫反应速度快、脱硫效率高和干法无废水废酸排出、脱硫后产物易于处理的好处而受到人们的广泛关注。半干法烟气脱硫技术将低投资和优良性能巧妙结合，但是也存在吸收剂利用率较低和吸收剂消耗量大的问题。半干法烟气脱硫工艺包括常规的喷雾干燥烟气脱硫工艺（SDA）以及循环流化床烟气脱硫工艺（CFB-FGD），气体悬浮吸收烟气脱硫工艺（GSA），增湿灰循环脱硫工艺（NID）等。下面介绍喷雾干燥法。

喷雾干燥法烟气脱硫又称为干法洗涤脱硫，是在20世纪70年代中期至末期迅速发展起来的。80年代第一台电站喷雾干燥烟气脱硫装置在美国的河滨电站试运行后，开始成功地用于燃用低、中硫煤的锅炉，在世界各地得到了广泛应用。该法是利用喷雾干燥的原理，将吸收剂浆液雾化，湿态的吸收剂喷入吸收塔后，吸收剂与烟气中的SO_2发生化学反应，同时烟气中的热量使吸收剂不断蒸发干燥。完成脱硫反应后的干粉状产物，部分在塔内分离，由吸收塔锥形底部排出，部分随除酸后的烟气进入除尘设备。

喷雾干燥法烟气脱硫的优点是脱硫产物为干态，便于处理，无废水和腐蚀问题，投资和运行费用都比较低，工艺简单，能耗少。但是喷雾干燥法也存在塔内固体贴壁、管道容易堵塞、喷雾器易磨损和破裂、吸收剂的用量难于控制、净化后的烟气对除尘设备会产生腐蚀、除尘效率受一定影响等问题。

图5-2为河北晶牛集团430t/d浮法玻璃熔窑喷雾干燥烟气脱硫除尘系统流程图。该系统根据玻璃熔窑的烟气特点，对传统的工艺进行改进，运行稳定，效果明显。排放烟气中SO_2含量小于200mg/m³，脱硫效率达90%以上。

从玻璃熔窑排出的高温烟气首先经过余热锅炉进行冷却及余热回收，使烟气

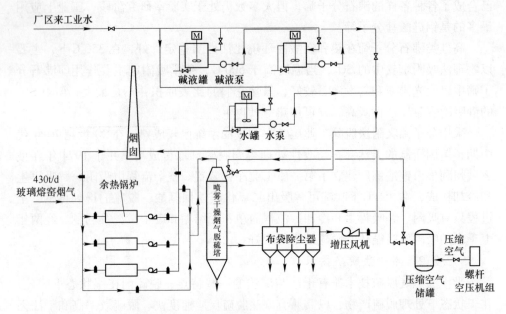

图 5-2　喷雾干燥法脱硫系统流程图

温度降到350℃以下，然后进入脱硫塔内，与双相流喷嘴喷出的雾化碱性溶液（Na_2CO_3溶液）反应，在塔内脱硫反应后生成的产物为干粉，一部分在塔内分离，由锥口排出，另一部分随脱硫后烟气进入布袋除尘器。在布袋除尘器中，未反应的 Na_2CO_3 和 SO_2 进行二次反应，最后经过脱硫除尘后的烟气由脱硫风机引入烟囱排放。烟气脱硫除尘工艺主要包括吸收剂制备系统、SO_2 吸收系统、除尘净化系统、压缩空气系统和自动控制系统。

　　喷雾干燥脱硫塔既是净化 SO_2 的伴有化学反应的吸收装置（即气液相反应器），又是将含有反应产物的雾滴干燥成干粉末的干燥装置。其操作包括吸收剂雾滴吸收 SO_2 并与之反应，以及含有反应产物雾滴的干燥在内的一次连续处理过程。喷雾干燥脱硫塔是一种并流吸收塔，分为进风锥、筒体、下锥体3部分。在进风锥侧部安装有双流体喷嘴，采用压缩空气将吸收剂雾化。筒体中雾化的吸收剂与烟气中 SO_2 发生反应，并对粉尘进行增湿、凝聚。在筒体下部安装了水平的烟气排放管，这可使气体夹带到袋滤器的干粉末大大减少。脱硫塔的下锥体部分主要是收集和贮存脱硫副产物和粉尘，然后通过排灰口排出。

　　由于在布袋除尘器滤袋表面的粉尘层中含有一部分碱性物质，与烟气中残余 SO_2 继续反应。在喷雾干燥脱硫塔后面安装布袋除尘器，不仅可以捕集烟气中的飞灰、硫酸盐和亚硫酸盐干粉末，还可以脱除烟气中残余的 SO_2，使整个系统 SO_2 的脱除效率提高 10%～20%。

5.2.2.3 湿法脱硫技术

湿法是目前应用最广的脱硫方法，约占世界上现有烟气脱硫装置的85%。湿法烟气脱硫过程是气－液－固三相的复杂吸收和化学反应体系，其主要的工艺过程为：烟气从脱硫反应塔的下部进入反应吸收塔，在反应塔内上升的过程中与脱硫剂循环液相接触，烟气中的 SO_2 与脱硫剂发生反应，将 SO_2 除去，然后经过高效除雾器，除去烟气中的液滴和细小浆滴，从脱硫反应塔排出进入气气交换器或进入烟囱。该方法具有脱硫反应速度快、设备简单、脱硫效率高等优点，但普遍存在腐蚀严重、运行维护费用高、易造成二次污染等不足。目前，湿法烟气脱硫主要有石灰石－石膏法、氨法、钠碱法、金属氧化物吸收法等。下面介绍石灰石－石膏法和硫化钠法。

A 石灰石－石膏法

石灰石－石膏法脱硫是世界上技术最成熟、运行情况最稳定、应用最广泛的一种脱硫技术。石灰石－石膏法脱硫工艺系统主要有烟气系统、吸收氧化系统、浆液制备系统、石膏脱水系统、排放系统组成。该工艺主要是采用石灰石/石灰作为脱硫吸收剂，经破碎磨细成粉状与水混合搅拌制成吸收浆液。在吸收塔内，烟气中的 SO_2 与浆液中的碳酸钙以及从塔下部鼓入的空气进行氧化反应生成硫酸钙，硫酸钙达到一定饱和度后，结晶形成二水石膏。经过净化处理的烟气依次经过除雾器除去雾滴，加热器加热升温后，由增压风机经烟囱排放，二水石膏经过浓缩、脱水得到的脱硫渣石膏可以综合利用。工艺流程图见图5-3。

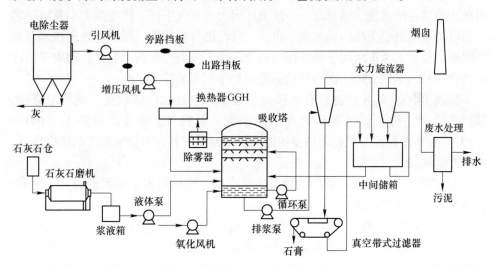

图5-3 石灰石－石膏法工艺流程图

B 硫化钠法

1983年奥托昆普公司提出一种用 Na_2S 溶液吸收 SO_2 烟气制取 S 单质的方法

具体流程图如图 5-4 所示。根据奥托昆普公司的研究结果，当吸收液 pH 值太大时，吸收 SO_2 烟气中会释放出 H_2S 气体，所以在吸收前先用 pH = 2～5 的烟气洗涤液调节 Na_2S 溶液的 pH 值。洗涤液所含的物质种类与 Na_2S 吸收 SO_2 后得到溶液主要物质种类相同。完成吸收后的溶液进入高压釜，在 160℃ 下进行反应得到 S 单质和 Na_2SO_4，然后用 BaS 再生 Na_2S 溶液，得到的 Na_2S 返回吸收阶段循环使用，$BaSO_4$ 用 C 还原后得到 BaS 返回 Na_2SO_4 再生阶段。

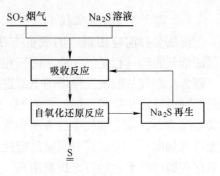

图 5-4　奥托昆普 Na_2S 溶液吸收
SO_2 烟气制硫单质工艺流程

Na_2S 溶液吸收 SO_2 烟气制取 S 单质工艺的优点是固体废料极少，比湿式石灰石法产生的固体废料减少了 250 倍，脱硫率高达 98% 以上。整个流程是一个闭路循环作业，试剂投入量较少，再加上产品是具有经济价值的 S 单质，总的投资成本较低。缺点是用洗涤液对 Na_2S 溶液洗涤后，吸收液的吸收总量不高，且洗涤液用量大。洗涤液洗涤后，吸收液的吸收总量不高，且洗涤液用量大。

5.2.2.4　新型脱硫技术

A　离子液脱硫技术

离子液体是由有机阳离子和无机/有机阴离子构成，在室温下呈液态的盐类。因离子液具有熔点低、沸点高、呈液态区间大、蒸气压低、挥发损失小及溶解能力强等特点而备受关注。近年来，由于大气污染日益严重，而现有处理技术具有局限性，很多人考虑用离子液体作为吸收酸性气体的吸收剂。但在利用离子液体处理含 SO_2 的烟气方面，国内外的研究尚处于起步阶段。

攀钢于 2007 年开始进行有机胺离子液循环吸收法烧结烟气脱硫技术研究，该技术特点是烧结烟气脱硫剂在低温吸收二氧化硫、在高温条件下（100～125℃）解析出高纯二氧化硫制备硫酸的脱硫制酸工艺，对烧结烟气的适应性强、SO_2 脱除率高。

用有机胺（离子液）配制的脱硫溶液主要由有机阳离子和无机阴离子组成，其脱硫的主要反应式为：

$$R_1R_2N—R_3—NR_4R_5 + HX \rightleftharpoons R_1R_2NH^+—R_3—NR_4R_5 + X^- \quad (5-9)$$

$$SO_2 + H_2O \rightleftharpoons H^+ + HSO_3^- \quad (5-10)$$

$$R_1R_2NH^+—R_3—NR_4R_5 + SO_2 + H_2O \rightleftharpoons R_1R_2NH^+—R_3—NR_4R_5H^+ + HSO_3^-$$

$$(5-11)$$

$$R_1R_2NH^+—R_3—NR_4R_5 + X^- \rightleftharpoons R_1R_2N—R_3—NR_4R_5 + HX \quad (5-12)$$

有机胺（离子液）在脱硫溶液中与强酸按式（5-9）进行反应，X^- 为强酸根离子，如 Cl^-、NO_3^-、F^-、SO_4^{2-} 等，而强酸的氢离子则被吸附到胺分子中的强碱性碱基上。烟气中的 SO_2 在与脱硫溶液的接触中，首先按式（5-10）溶解到水中并解离成氢离子和亚硫酸根离子，如果没有有机阳离子的存在，则式（5-10）很快建立平衡，SO_2 溶解量将非常少，当脱硫溶液含有有机阳离子时，因为它的另一个弱碱性碱基要吸附氢离子，于是 SO_2 的溶解实际上是按照式（5-11）向右进行，就会大大促进 SO_2 吸收溶解到脱硫溶液中，上述过程是在 50℃ 左右的温度下进行的。当把吸收了 SO_2 的脱硫溶液加热到 110℃ 左右时，式（5-11）则向左进行，逆向解析出 SO_2，将有机胺（离子液）再生出来，循环进行下一次 SO_2 的吸收。

离子液循环吸收脱硫工艺流程见图 5-5。含硫烟气经水洗冷却塔除尘降温至 60～80℃ 后送入吸收塔，如烟气粉尘量很少，可直接进入吸收塔，烟气与离子液（贫液）逆流接触，烟气中 SO_2 与离子液溶液反应被吸收。脱硫净化后的烟气符合环保标准，从吸收塔顶部出来经送烟道直接排入大气。吸收 SO_2 后的离子液（富液）由吸收塔底经富液泵进入贫富液换热器，与热贫液换热回收热量后入再生塔上部。富液在再生塔内经过两段填料后通过汽提解吸部分 SO_2，然后进入再沸器，经蒸气加热再生，使其中的 SO_2 进一步解吸，继续加热再生成为贫液，离子液耗量占总循环量的 8%～11%。再沸器采用蒸气间接加热，以保证塔底温度在 105～110℃ 左右。

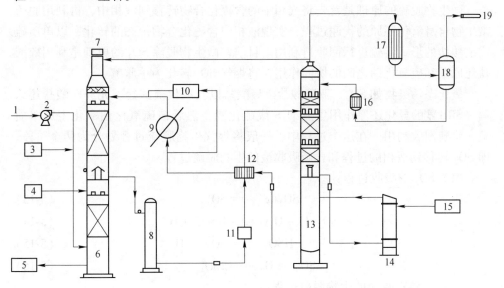

图 5-5　脱除 SO_2 工艺流程示意图

1—含 SO_2 烟气；2—增压风机；3—制酸尾气；4—循环水系统；5—污水处理系统；6—吸收塔；7—烟囱；8—富液槽；9—贫液冷却器；10—离子液过滤及净化装置；11—富液泵；12—贫富液换热器；13—再生塔；14—再沸气；15—蒸气加热系统；16—回流泵；17—冷凝器；18—气液分离器；19—SO_2 气体去制酸系统

解吸出的 SO_2 连同水蒸气经冷凝器冷却至40℃后，经气液分离器除去水分，得到纯度99.5%的 SO_2 气体，送下工段制取98%浓硫酸。气液分离器中被冷凝分离出来的冷凝水由回流泵送至再生塔顶部循环使用，以维持系统水平衡。解吸 SO_2 后的贫液由再生塔底流出，经贫液泵送入贫富液换热器、贫液冷却器换热后，进入吸收塔上部，重新吸收 SO_2 离子吸收剂如此往返循环，构成整个连续吸收和解吸 SO_2 的离子液脱硫工艺过程。

该系统具有适用范围广、脱硫效率高、运行成本低、环保效益好等优点。运行过程中脱硫效率达到90%以上， SO_2 排放浓度为 $(30 \sim 150) \times 10^{-4}\%$ 。生成的硫酸浓度、品质达到工业用硫酸的要求。缺点是堵塞及固体物质沉积现象较为严重：一是烧结烟气夹带的粉尘造成风机挂泥、贫富液换热器堵塞、洗涤水冷却器堵塞、洗涤塔底淤积大量粉尘；二是再生塔及与之相连的管道内壁附着黄色固体物质——硫黄。出现了离子液稀释现象，离子液浓度由投运时的25%下降至15%，再次运行时需要补充部分离子液。初步分析，可能是跑漏和烟气洗涤后的含湿水带入离子液导致的现象。

B 生物脱硫技术

近年来，随着环境保护学科的发展和相关学科的相互交叉。出现了一些新的脱硫技术思路：结合无机化学和微生物学科的原理和方法，用无机化能自养型细菌和铁离子体系脱除烟气中 SO_2 的新思路，为烟气脱硫领域提供新的技术途径。

微生物脱硫的原理是首先将气相中的含硫化合物转移到液相中，再利用脱硫微生物自身氧化还原的代谢过程，实现液相中含硫化合物价态的转化，以单质硫或硫酸盐的形式将硫进行回收再利用。目前，微生物脱除 SO_2 的原理是利用硫酸盐还原菌和硫氧化菌之间的协同作用，将烟气 SO_2 转化为单质硫。

氧化态污染物如 SO_2 、亚硫酸盐、硫酸盐以及硫代硫酸盐，先经硫酸盐还原菌（SRB）的异化还原作用生成 H_2S 或硫化物，然后被硫氧化菌氧化生成单质硫，将硫回收利用。在这个过程中，一般将烟气生物脱硫过程划分为两个阶段，即 SO_2 转移到液相的过程和含硫吸收液的生物脱硫过程。

（1） SO_2 的吸收过程：

$$SO_2(g) \Longleftrightarrow SO_3 \tag{5-13}$$

$$SO_2(l) + H_2O \Longleftrightarrow HSO_3^- + H^+ \tag{5-14}$$

$$HSO_3^- \Longleftrightarrow SO_3^{2-} + H^+ \tag{5-15}$$

$$2SO_3^{2-} + O_2 \longrightarrow 2SO_4^{2-} \tag{5-16}$$

（2）含硫吸收液的生物脱硫过程：

1）在厌氧环境下

$$SO_4^{2-} + 有机碳源 \longrightarrow SO_3^{2-} \tag{5-17}$$

$$SO_3^{2-}/HSO_3^- + 有机碳源 \longrightarrow H_2S/HS^-/S^{2-} \tag{5-18}$$

2）在好氧环境下

$$H_2S/HS^-/S^{2-} + O_2 \longrightarrow S\downarrow + OH^- \tag{5-19}$$

由荷兰 HTS E&E 公司和公司开发的 Bio-FRGD 微生物脱硫的工艺流程如图 5-6 所示。

图 5-6　微生物脱除 SO_2 的工艺流程

C　大宗工业固废脱硫技术

大宗工业固废中的矿冶炼渣，诸如锰渣、镁渣、铜渣、赤泥等，常用于脱除 SO_2 的技术中，即矿浆脱硫技术。矿浆脱硫是近几年在我国开展起来的一项新兴资源化烟气脱硫技术，具有处理成本低、经济效益高等特点，本书将另成章节论述。

5.3　大宗工业固废烟气脱硫技术

大宗工业固废脱硫技术主要指的是大宗工业固废中的矿浆脱硫技术。所谓的矿浆是指工业生产中为了提取目标元素而将矿石、矿土等固体形式的原料以及经过选矿或冶炼后的残余物加入水以及其他辅助剂料中形成液态混合物形式，包括一些尾矿以及选矿过后剩下的低品位矿。

以铀矿为例，无论是在机械搅拌浸取槽或在空气搅拌浸取槽中进行的铀矿浸取过程，都须将磨细至一定粒度要求的铀矿石和浸取剂水溶液按一定的液固比调制成矿浆。如为硫酸浸取剂，则为酸性矿浆；如为 Na_2CO_3 和 $NaH—CO_3$ 浸取剂，则为碱性矿浆。若有必要，须往矿浆中添加一定量的氧化剂（软锰矿等）。

矿浆资源化利用的意义如下。随着现代工业的快速发展，工业废气排放量也越来越大，其 SO_2 对大气的污染已经危及环境的生态平衡和经济的可持续发展。国内外研究开发了许多烟气脱硫技术，美国和法国多采用抛弃法，而我国国土资源宝贵，大多采用吸收法。目前采用的"石灰乳吸收法"和"钠碱法"，其投资和运行费用高，且脱硫副产品的价格低，经济效益不明显。因此，进一步开发低成本、能回收高价值副产品的脱硫技术成为当务之急。我国矿产资源丰富，矿浆作为环境友好材料在环境保护中的功能研究始于 20 世纪 50 年代。矿浆脱硫是近几年在我国开展起来的一项新兴资源化烟气脱硫技术，具有处理成本低，经济效益高等特点。目前的大宗工业固废矿浆脱硫的技术方法主要有锰渣脱硫技术、镁渣浆脱硫技术、铜渣浆脱硫技术、赤泥脱硫技术等，除此之外还有一些其他的低品位矿浆脱硫技术，如软锰矿浆脱硫技术、磷矿浆脱硫技术、焙烧钒矿浆液脱硫技术等。

5.3.1　铜渣浆脱硫

5.3.1.1　铜渣的利用现状

近些年来，我国的铜产量已经超越智利，稳居世界第一。由此而来的，是庞大的铜渣贮存量，我国每年的铜冶炼渣约 800 多万吨，大量堆积的铜渣不仅占用土地，而且会造成严重的水体污染和土地污染。开发利用这些铜渣，对实现铜渣的综合利用、促进铜冶炼行业健康可持续发展具有重要意义。

目前铜渣的综合利用大致可以分为以下两类：一是对铜渣中有色金属（铜、铁、钴、锌等）的回收利用；二是铜渣在建筑工业和水泥工业的应用。

A　铜渣中的有色金属的提取

根据李磊等对铜的提取方法的总结，铜渣中提取铜的方法，主要有火法贫化法、湿法浸出、浮选富集等几种方法。其中火法贫化法中又有电炉贫化法、特尼恩特转炉贫化法、真空贫化法等。湿法浸出法中有多种浸出方法，如氯化浸出法、硝酸盐浸出法、氰化浸出法、硫酸化浸出法等。周灼刚等研究认为目前铜渣中铁的富集主要是利用选矿的思想，先将铜渣进行气体氧化，使铜渣中的铁富集于磁铁矿相，然后再缓冷促进富集相的晶粒长大，冷却后进行破碎磁选。

B　铜渣在建筑工业和水泥工业的应用

铜渣在建筑和水泥工业的应用，主要用做道路基础、房屋基础、低洼地填埋以及用铜渣来做保温材料、装饰材料、除锈材料。此外，铜渣中的 SiO_2、CaO 和 Al_2O_3 都是硅酸盐水泥的主要熟料，因此铜渣可作为生产硅酸盐水泥的主要原料。

铜渣的循环利用使其经济效益和社会效益都很可观，它的物理利用方法比较多也比较成熟，但利用其做催化材料的研究比较少，因此能开发出铜渣在催化材料方面更多的应用，将有良好的工业应用前景，非常值得深入研究。

5.3.1.2　铜渣脱硫研究现状

铜矿是一种极其重要的矿产资源，截至 2014 年，我国查明铜矿资源储量为9689.6 万吨，这些铜矿在我国分布广泛，但相对集中于西藏、云南、江西等省份。近些年来，我国铜矿开采使用量大，每年产生含铜炉渣达 958 万 ~ 1437 万吨，其组分复杂，常含有 Fe、Zn、Ca、Si、Ag 等杂质，具体组成、含量与铜矿类型、冶炼工艺相关，以艾萨炉、Inco 闪速炉、白银炉、奥斯麦特炉冶炼方法为例，组分如表 5-3 所示，其中 Fe 主要以铁橄榄石（Fe_2SiO_4）、镁铁橄榄石（$MgFeSiO_4$）、磁铁矿（Fe_3O_4）等组成的玻璃体形式存在，Al 主要以铝硅酸盐形式存在，Cu 主要以冰铜（$CuFeS_2$）形式存在，这些矿渣未能有效回收利用，处理不当对环境有潜在危害。

表5-3　不同冶炼方法产生的铜渣化学组成　　　　　　　　（%）

类型	$w(Cu)$	$w(Fe)$	$w(Fe_3O_4)$	$w(CaO)$	$w(Al_2O_3)$	$w(MgO)$	$w(SiO_2)$	$w(S)$
艾萨炉	0.7	36.61	6.55	4.37	3.64	1.98	31.48	0.84
Inco 闪速炉	0.9	44.0	10.8	1.73	4.72	1.61	33.00	1.10
白银炉	0.45	35.0	3.15	8.00	3.80	1.40	35.00	0.70
奥斯麦特炉	0.65	34.0	7.5	5.90	7.50	—	31.00	2.80

近些年来，传统硫酸浸出法在冶金工艺得到广泛关注，可用于分离铜渣中铜、锌，但该法需要消耗大量硫酸，运行成本较高；另外，国内外大量研究发现，Fe^{2+}、Fe^{3+} 等金属离子可作为催化剂用于烟气脱硫。关于其酸性条件脱硫原理，主要包括水对 SO_2 的吸收及铁离子催化氧化作用，同时研究发现铁离子还可促进烟气氮氧化物的去除，但该法添加剂成本高，推广较为困难。很少有学者利用铜矿浆对烟气脱硫，随着湿法冶金以及工业废气液相催化氧化技术的不断发展，由于铜矿渣具有大量铁、钙等，有望代替金属添加剂用于冶炼烟气脱硫，同时矿石中的铜硫化矿物不会被稀酸浸出，因此吸收尾矿浆中有价物质得到富集，脱硫后产物可进行分离并利用其铁、锌等生产环保材料、建筑材料等，工艺流程如图5-7 所示，最终实现资源化利用。开发利用这些铜渣，对实现铜渣的综合利用、促进铜冶炼行业健康可持续发展具有重要意义。

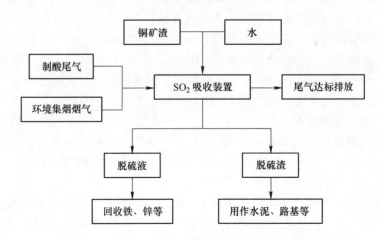

图 5-7　铜矿浆烟气脱硫及资源化工艺流程图

张恒的研究表明，利用铜渣表面的碱性金属氧化物（Fe_3O_4、SiO_2、Al_2O_3、MgO 和 CaO 等）可增加脱硫吸收剂的表面活性。适量的铜渣添加到吸收剂

$Ca(OH)_2/H_2O_2$ 浆液处理所得混合物，吸收剂成分会有变化，会形成水合硅酸铝酸盐，颗粒变得粗糙，比表面积变大，增加了气体与钙基反应的效率，有利于钙基脱硫反应。另外，水合过程中生成的水合硅酸钙、钙矾石等物质提高了吸收剂的固硫能力。当铜渣与吸收剂 $Ca(OH)_2$ 质量比为 1∶9 时，混合物颗粒能获得相对较大的比表面积，面积大于纯 $Ca(OH)_2$ 颗粒的比表面积，最有利于 SO_2 的脱除，并能同时脱除 NO_x。浙江宁波东方环保设备有限公司发明了 DS-多相反应器，用炉渣作为吸收剂来脱硫，并在浙江东方冶炼厂进行了两年的工业实践，脱硫效率比较理想，平均在 98.9% 以上。而且将产物经过适当处理后用作肥料样品，对油菜花进行肥效试验，结论是在土壤有效硫相对较低的地区施用矿渣硫肥对油菜籽粒有明显的增产作用。除此之外，该公司将吸收 SO_2 的矿渣作为土壤调理剂，在一块不毛之地进行试验，添加土壤调理剂，种上花木与及西瓜。结果花木长势良好，西瓜收获颇丰，与施普通肥的土地形成鲜明的对比。添加了 10% 的尿素到吸收 SO_2 的矿渣，配制成"硫硅配方肥"，已获准进入肥料市场。用冶炼的废渣来脱出烧结烟气中的硫，这种方法实现了以废治废，变废为宝的理念，实现了清洁生产，促进了环保事业的发展。

"DS 多相反应器"具有高效、经济、实用等优点，技术已经成熟，具备推广应用的条件，例如运用钢渣、铁渣作吸收剂脱硫已经达到产业化了。但铜渣脱硫的技术并没有产业化，铜渣脱硫的机理并没有彻底明了，还有待探索，所以对影响铜渣脱硫的因素并不是很清楚，在进行脱硫的时候，控制的条件不合理，就会影响脱硫效率。

5.3.1.3　铜渣浆脱硫实验及工艺研究

(1) 反应装置：鼓泡反应器、磁力搅拌器。

(2) 实验原料：去离子水、取自云南铜业集团的铜渣。

(3) 实验方法：将取自云南铜业的铜渣，在 80℃ 下烘干，然后研磨并筛分成 200 目；将所得铜渣渣粉末与去离子水按一定比例混合，液固比为 7∶1；将所得的铜渣浆通过气体吸收瓶；进口及出口气体用烟气分析仪检测。

(4) 实验结果分析：

① 铜渣脱除高浓度 SO_2（0.1%）。如图 5-8 所示的铜渣脱硫性能曲线图，脱硫性能逐渐下降，初次进行脱硫后，铜渣表面被 $CaSO_4$ 等硫酸盐所覆盖，在短时间内脱硫效率下降到 50% 以下。

② 铜渣脱除低浓度 SO_2（0.02%）。如图 5-9 所示的铜渣脱硫性能曲线图，铜渣脱除低浓度二氧化硫的效果较好，在 9h 内脱硫性效率能维持在 90% 以上。因此，铜渣适合用于低浓度二氧化硫的脱除。

5.3.1.4　探讨铜渣脱硫的机理

A　铜冶炼渣中的金属氧化物脱硫

目前铜渣脱硫的机理并不是很清楚，这里只做初步的探讨。铜渣成分相对复

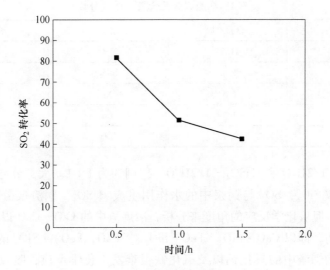

图 5-8 铜渣脱除高浓度 SO_2

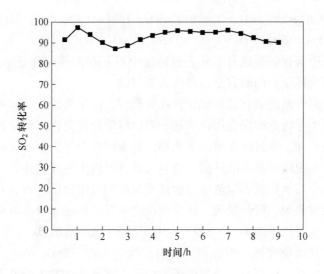

图 5-9 铜渣脱除低浓度 SO_2

杂，除了含有少量的铜、硫、锌、贵金属外，还含有大量的铁、氧化钙、二氧化硅和部分的氧化镁、氧化铁、三氧化二铝等金属氧化物。铜渣的无相组成如表 5-4 所示。

本书探讨铜渣脱硫机理从铜渣的各化学组分出发。我国原地质矿产部浙江省中心实验室分析吸收二氧化硫以后的产物表明，铜冶炼渣浆液吸收二氧化硫后，原炉渣中 60%～90% 的 FeO 变成了赤铁矿和氢氧化铁，炉渣中 95% 的 CaO 反应

表5-4　铜渣成分及含量（质量分数）

成分	含量/%	成分	含量/%
Fe	41.27	MgO	1.86
Cu	1.48	SiO_2	28.23
S	1.51	Ni	0.03
Al_2O_3	3.74	Co	0.07
CaO	2.72	其他	19.09

生成 $CaSO_3 \cdot 1/2H_2O$ 和 $CaSO_4 \cdot 1/2H_2O$，比例约为 $1:1$。大部分硅酸盐参加吸收反应后变成 SiO_2，SO_2 与铜浆中的水作用生成 H_2SO_4，铜渣成分中的 CaO 与 H_2SO_4 反应。但从化学反应的角度来分析，冶炼渣中的 FeO、CaO 以及 SiO_2 均形成固熔化合物，即以 $CaO \cdot SiO_2$、$FeO \cdot SiO_2$、$(CaO, FeO) \cdot SiO_2$ 的复杂形态存在，因此铜冶炼渣中的氧化钙以及氧化铁很难发生化学反应，吸收实践有待观察。根据产物组成可以推测有可能发生以下反应：

$$CaO \cdot SiO_2 + H_2SO_4 + H_2O \longrightarrow CaSO_4 \cdot 2H_2O + SiO_2 \tag{5-20}$$

$$CaO \cdot SiO_2 + H_2SO_3 \longrightarrow CaSO_3 \cdot 1/2H_2O + SiO_2 + 1/2H_2O \tag{5-21}$$

$$FeO \cdot SiO_2 + H_2SO_4 \longrightarrow FeSO_4 + SiO_2 + H_2O \tag{5-22}$$

因此铜渣中氧化钙脱硫与石灰石脱硫法中石灰石作脱硫剂是不完全相同的，关于铜渣中氧化钙脱硫的研究是值得深入探讨的。

铜渣中含有少量的氧化铁，氧化铁作脱硫剂，由于其价格低、硫容大、可在常温空气下再生等特点而深受用户欢迎。刘世斌等研究发现以氧化铁为主要的活性组分，添加另外一些过渡金属的氧化物，制备成复合型金属氧化物同体颗粒的脱硫剂，所得的脱硫剂具有活性高、硫容大并且可再生重复使用等优点。因此也可以推断铜渣中的氧化铁和铜渣中其他过渡金属的氧化物反应得到复合型金属氧化物同体颗粒脱硫剂，进行脱硫。从反应产物来看，炉渣吸收二氧化硫后生成了赤铁矿，因此也可以推断 $FeO \cdot SiO_2$ 与 SO_2 反应生成亚硫酸铁，因烧结烟气中含有氧气又被氧化成硫酸铁。吸收剂中含有少量的 CuO、ZnO、PbO、MgO、Al_2O_3 最后变成了硫酸盐，也可以推断发生了类似于上述氧化铁发生的反应。

铜渣中含有少量的氧化镁，氧化镁脱硫的工艺已经很常见，脱硫效率高可达 95% 以上。氧化镁进行熟化反应后生成氢氧化镁后，得到一定浓度的氢氧化镁吸收浆液，与烟气中的二氧化硫反应生成亚硫酸镁，烟气中含有氧气，将亚硫酸镁氧化生成硫酸镁，分离干燥生成固体硫酸镁。氧化镁的脱硫效率在很大程度上受氧化镁的熟化效果影响，而氧化镁的熟化效果取决于水温，熟化温度控制在 80℃ 以上，脱硫效率较高。反应方程式如下：

$$Mg(OH)_2 + H_2SO_3 \longrightarrow MgSO_3 + 2H_2O \tag{5-23}$$

$$MgSO_3 + 1/2O_2 \rlap{=\mkern-10mu=} MgSO_4 \tag{5-24}$$

B 铜冶炼渣中有色金属液相催化氧化

铜渣中含有多种有色金属，如 Fe、Mn、Zn、Al 等，具有液相催化氧化脱除 SO_2 的特性。金属离子液相催化氧化脱硫研究起源很早，1871 年 Deacon 发现液相中 Cu^{2+} 离子可促进 SO_2 液相生成硫酸的反应，W. Pasink 等提出液相催化氧化脱硫法，因此，越来越多的学者开始关注液相催化氧化 SO_2。液相催化氧化法受到重视是在 1931 年 Johnstone 利用该法进行废气脱硫，通过研究取得了可喜的成果并正式将其作为废气的主要方法之一。A. Huss 等发现 Mn^{2+}、Fe^{3+} 等过渡金属离子对水吸收 SO_2 具有催化氧化的作用。随着研究的不断深入，人们发现 Mn^{2+}、Fe^{3+}、Cu^{2+}、Zn^{2+}、Al^{3+} 等过渡金属离子对 SO_2 的氧化均有一定的催化作用。朱德庆等对 Mn^{2+}、Fe^{3+}、Zn^{2+} 三种金属离子的脱硫效果进行研究，结果表明 Mn^{2+} 的催化性能明显优于其他两种离子。三种金属离子对脱硫效率的影响由高到低依次为：Mn^{2+}、Fe^{3+}、Zn^{2+}。可以推断在铜渣中的有色金属在脱硫过程中是起作用的，同时金属离子间还进行相互作用，宁平等研究表明，Fe^{2+} 作主催化剂时、锰、铜、钴离子均对 Fe^{2+} 的催化起促进作用，其中 Fe - Mn 之间的正协同的效果最明显。赵毅课题组以 Ulrich 等研究出的 Mn - Fe 协同效应曲线为基础，对 Mn - Fe 离子系统的协同作用进行了大量研究。实验表明，以 Mn^{2+} 为主催化剂，Fe^{2+} 和 Fe^{3+} 助催化剂，对 SO_2 的催化氧化的正协同作用最明显，可以大幅度提高 SO_2 的吸收率。孙佩石等通过正交实验找到了 Fe^{2+}、Mn^{2+}、Zn^{2+}、Al^{3+} 四种离子液相催化氧化低浓度 SO_2 的最优配比，其浓度分别为 1%、0.5%、0.5%、3%。在云南冶炼厂硫酸车间进行了扩大实验，对含有 0.1% ~ 0.2% SO_2 的尾气进行处理，其催化氧化效率可达 95% 以上。这些研究都表明这些离子间是否具有协同作用，是正协同效应还是负协同效应是由离子的种类、相对浓度等决定的。

总之，铜渣制备成铜浆进行脱硫，属于气液固多相反应。反应过程中发生多种吸收反应，有利于加快反应速率，提高二氧化硫吸收率。关于铜渣中各组分是否发生相互作用，各组分怎么发生作用，与及这种相互作用对脱硫的影响有待进一步研究。系统研究铜渣脱硫剂组成、pH 值、液固比等因素对脱硫效率的影响，为铜渣脱硫剂制备提供数据储备。深入研究 SO_2 浓度、气液比和氧含量等因素对 SO_2 液相催化氧化性能的影响，是很有意义的。

C 结论

铜渣中含有的氧化钙、氧化镁、氧化铁等金属氧化物能够进行脱硫，铜渣中 Fe、Mn、Zn、Al 等有色金属具有液相催化氧化脱二氧化硫的特性，各离子之间还能进行协同作用。将铜浆制备成脱硫剂进行脱硫，得到的副产物可以用作肥料或者土壤调理剂，并且已经进行了初步的实验探究。

5.3.2　锰渣脱硫

5.3.2.1　锰渣的利用现状

电解金属锰生产过程中产生的浸出渣、除铁渣、硫化渣的集合体统称为电解锰渣。含水电解锰渣一般呈黑色泥糊状，干燥后呈绿色块状。目前电解锰的生产工艺主要有两种：一种是在硫酸与碳酸锰反应生成硫酸锰溶液的基础上，对硫酸锰溶液进行电解得到金属锰；另一种是还原焙烧高品位氧化锰矿得到二价锰，再用硫酸酸浸，得到硫酸锰溶液后电解制得电解锰。由于我国锰矿资源主要是以碳酸锰矿为主的菱锰矿，多采用第一种工艺生产电解锰。我国电解锰的生产总量占全球总量的98.6%，其中接近80%的电解锰是以碳酸锰矿石为原料生产。由于我国碳酸锰矿石平均品位低，电解锰生产的精矿与电解锰渣的质量比约为1∶8。大量电解锰渣的乱排乱放，不仅占用了土地资源，污染环境，其含有的重金属离子及有毒元素还会渗入到土壤中，对地下水资源造成危害。因此，加强锰矿资源，尤其是电解锰渣及锰尾矿的综合回收利用势在必行。如何既能实现锰矿资源的优化配置和可持续发展，又维持生态平衡，成为选矿从业者需要考虑研究的一项难题。

（1）用作水泥生产混合材料及混凝土掺和料。水泥熟料磨成细粉后与水相遇会很快水化凝结，粉磨时加入石膏可以调节凝结时间。电解锰渣矿物主要组分之一为二水石膏，具有潜在的活性，利用电解锰渣代替石膏作水泥缓凝剂是合理且可行的。另外，由于电解锰渣中含大量铝硅酸盐矿物，在水泥或混凝土中加入电解锰渣作混合材料或掺和料，不仅能大量节约资源、降低生产成本，还能高效利用电解锰渣。已有研究表明，电解锰渣作水泥的轻骨料、缓凝剂、激发剂、胶凝剂都是可行有效的。王勇通过 XRD 测试及胶砂试验证实电解锰渣可作矿化剂，掺入2%~8%左右的电解锰渣，增加 C_3S，降低了水泥烧成共融点。吕晓昕等先将硫黄化学改性，然后与锰渣及砂子混合制备硫黄混凝土，产品的渗水率极低，无论是抗腐蚀性或力学性能，比普通混凝土提升了很多。王一靓等分别在 C30、C40 混凝土中掺入20%锰渣，结果在增加用水量的情况下，制备的混凝土强度均超过基准混凝土。虽然锰渣可作为水泥和混凝土生产材料，但是实际中掺入量仅3%，这也制约了电解锰渣作为生产水泥和混凝土材料的发展。

（2）用于生产灰渣砖和小型空心砌砖。电解锰渣还适用于制作各种性能的砖。蒋小花等以50%电解锰为基础，加入30%粉煤灰、10%石灰以及10%胶凝材料，与骨料按比例混合压缩制备免烧砖，在自然条件下水化28d，强度达到10MPa 以上。万军等用锰渣制备免烧的空心砌块砖，锰渣用量40%以上，混合水泥、生石灰和石膏制成的免烧砖强度达到5~25MPa，空心率大于25%。胡春燕等采用较低温度快速烧成工艺，以锰渣（40％）与废玻璃（53％）为主要原料，高岭土（7％）为黏结剂，1079℃温度下烧成0.5h制成陶瓷砖，吸水率仅1.86％，且"主晶相"为锰钙辉石，说明锰离子溶入晶格中，实现了对锰的"解毒"，解决了电解锰渣产生的生态环境破坏问题。王勇用电解锰渣制备蒸压砖，采用电解锰渣-硅质材料—水泥—生石灰体系，可制得强度达26MPa的蒸压砖。目前，宁夏天原锰业、湘潭电化等电解锰企业已开始利用电解锰渣生产各性能的砖，实现了资源的再利用。

（3）用作路基路面材料。电解锰渣用作路基材料，能实现其固化从而减少电解锰渣占地及对环境的污染。不同的路面可用不同规格的锰渣原料，如可用电解锰渣代替天然锰渣与消石灰混合物进行回填路基。但是，电解锰渣中重金属离子会通过雨水渗入地下，在有效脱除锰渣中重金属离子前，含有重金属离子的电解锰渣尚无法作为路面路基材料大量应用。

（4）研制肥料。有些电解锰渣中含有锰、氮、磷、铁等元素，而这些元素是植物生长必需的营养成分，因此对电解锰渣进行处理，制成锰肥也是充分利用电解锰渣资源的一条途径。有文献报道电解锰渣制成的复合肥具有改良土壤、增加肥效、增加抗虫抗旱等多种性能。蒋明磊等在400℃温度下煅烧活化电解锰渣中的 SiO_2，掺入 $CaCO_3$、Na_2CO_3、$NaOH$ 助剂，所活化的电解锰渣可作为硅锰肥，符合锰肥标准。但由于电解锰渣含有复杂多样的重金属，有些元素硫化后不仅不被植物吸收，反而形成沉淀，破坏土壤。因此，如何改进工艺、充分利用电解锰渣制造肥料且不伤害生态环境，有待进一步研究。

5.3.2.2 锰渣浆脱硫实验及工艺研究

（1）反应装置：鼓泡反应器、磁力搅拌器。

（2）实验原料：去离子水、取自云南锰业集团的铜渣。

（3）实验方法：将取自云南锰业的锰渣，在80℃下烘干，然后研磨并筛分成200目；将所得锰渣渣粉末与去离子水按一定比例混合，液固比为7:1；将所得的锰渣浆通过气体吸收瓶；进口及出口气体用烟气分析仪检测。

（4）实验结果分析：

① 锰渣脱除高浓度 SO_2（0.1％）。如图5-10所示的锰渣脱硫性能曲线图。锰渣脱除高浓度二氧化硫的效果较好，在9h内脱硫性效率能维持在90％以上。

② 锰渣脱除低浓度 SO_2（0.02％）。如图5-11所示的锰渣脱硫性能曲线图。锰渣脱除低浓度二氧化硫的效果较好，在52h内脱硫性效率能维持在99％以上。因此，应对锰渣脱硫进行中试实验和工业应用研究，开发更多的工艺设备用于锰渣脱硫。

5.3.2.3 锰渣脱硫机理

锰渣的物相组成如表5-5所示。

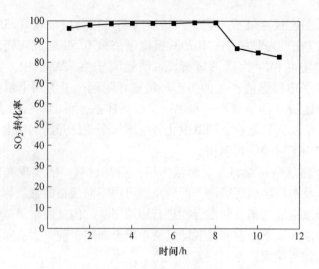

图 5-10　锰渣脱除高浓度 SO₂

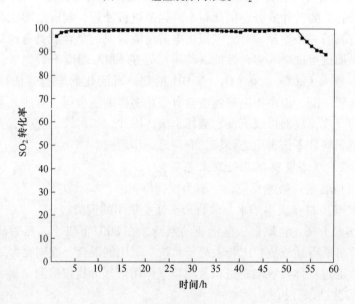

图 5-11　锰渣脱除低浓度 SO₂

表 5-5　主要原料的化学成分 （%）

成分	$w(SiO_2)$	$w(Al_2O_3)$	$w(CaO)$	$w(MgO)$	$w(SO_3)$	$w(Fe_2O_3)$	$w(MnO)$	其他
锰渣	24.05	16.42	37.62	6.52	0.48	1.23	9.4	0.72

从表中可看出，锰渣中含有 CaO、MgO 等碱性金属氧化物，在水溶液中，能与 SO₂ 发生反应。其次，锰渣中的过渡金属离子液相催化氧化作用于铜渣类似，在上文中已经阐述过。

5.3.3 镁渣脱硫

5.3.3.1 镁渣的利用现状

目前，我国已有武汉理工大学、西南工学院、合肥水泥研究院、山西建筑科学研究院和吉林建筑工程学院等单位对镁渣进行了研究。

A 镁渣做水泥混合材的研究

丁庆军等对镁渣做水泥混合材进行了研究，并提出了相关见解，研究指出，镁渣是一种活性水泥混合材料，其活性高于矿渣。镁渣的易磨性比矿渣和熟料好，以镁渣作水泥混合材，可以提高水泥的产量，降低水泥的生产电耗。以镁渣做水泥混合材，在其掺量不大于30%（水泥中 $w(MgO) \leqslant 6\%$），采用52.5等级熟料，能够生产安定性合格的42.5R型镁渣水泥。在混合材掺量一定的情况下，镁渣与矿渣混掺比单掺镁渣或矿渣好，此实验的混合材最佳掺量为10%镁渣、20%矿渣，采用此比例和52.5等级熟料，可以生产出安定性合格的42.5R型复合水泥。

B 镁渣配料做硅酸盐水泥熟料的研究

霍冀川等对镁渣配料煅烧硅酸盐水泥熟料进行了研究，其研究的结果表明，镁渣中的主要矿物组成为 $\gamma\text{-}C_2S$、$\beta\text{-}C_2S$、MgO、CF、C_2F、FeO、CaF_2 等。镁渣配料煅烧硅酸盐水泥熟料可降低熟料形成反应表观活化能，降低反应温度，加快熟料矿物的形成，提高熟料的强度。利用镁渣配料煅烧硅酸盐水泥熟料，为镁渣的资源化、综合利用开辟了一条行之有效的途径，具有重要的社会效益、环境效益和经济效益。黄从运等对利用镁渣制备高性能硅酸盐水泥熟料，以及对镁渣替代石灰石配料烧制硅酸盐水泥熟料进行了研究，其研究结果表明，由于镁渣中含有 $\beta\text{-}C_2S$、CF 等初级矿物，这些矿物在熟料烧成过程中降低了晶体的成核势能，起到诱导结晶的过程，因此，镁渣起到了改善生料易烧性的作用。在生料中掺加 HBZ 和 HPZ 后，促进 f-CaO 的吸收能，大幅度改善生料的易烧性。在同时掺有外加剂1% HBZ 和1.5% HBZ 时，熟料3d和28d抗压强度比空白样分别提高38.3%和12.2%。用镁渣替代20%石灰石，烧成的硅酸盐水泥熟料3d和28d强度分别可以达到40.8MPa和65.2MPa。

C 镁渣作为墙体材料的研究

赵爱琴等对利用镁渣研制新型墙体材料进行了研究，将镁渣直接磨细与一定比例的磨细矿渣混合，在复合激发剂作用下，配制胶结料生产各种新型墙体材料。研究表明，用这种方法进行镁渣的再生利用，工艺简单，节省能源，制成的墙体材料密度小、强度高、耐久性好。

D 国外镁渣的研究情况

国外对镁渣这种工业废料的研究很少，可以说直到现在相关这种废渣材料应用的研究寥寥无几。巴西联邦大学的 Carlos A. S. Oliveira、Adriana G. Gumieri、Abdias M. Gomes 和 Wander L. Vasconcelos 等学者对这种工业废料做了初步的研究。研究表明，镁渣材料化学成分大体由 CaO 和 SiO_2、MgO 和 Fe_2O_3 组成，这些化学成分之间相互作用可以生成 $CaSiO_4$、$CaMgSiO_4$、MgO 和 $Ca(OH)_2$ 等结晶产物。镁渣掺入到砂浆中后与硅酸盐水泥相比，试样中所含的碱性氧化物成分（K_2O 和 Na_2O）极低，可以提高砂浆的耐久性。

5.3.3.2　镁渣浆脱硫研究现状

近年来，镁工业得到迅速发展，传统的皮江法镁冶炼工艺会产生了大量的镁还原渣（镁渣），目前尚无有效的利用方法。樊保国等采用镁渣和粉煤灰进行水合反应，制成脱硫剂，可用于循环流化床锅炉。同时采用热重分析法对不同水合条件下脱硫剂的钙转化率进行了研究。结果表明：在最佳水合条件下，其钙转化率可达 36.70%，最佳的脱硫反应温度为 920℃。水合过程中添加乙二酸或氢氧化钠，脱硫剂钙转化率最大可以进一步提高至 73.7%。段丽萍等将镁渣运用于循环流化床锅炉脱硫的试验，结果表明：镁渣表面发生变化，说明发生了脱硫反应。在实验室条件下，脱硫过程中钙转化率随反应温度的升高而增加；在某循环流化床锅炉上进行实际应用，结果表明当钙硫摩尔比为 2.45 时，脱硫效率达 62.7%。

5.3.3.3　镁渣浆脱硫实验及工艺研究

在对镁渣进行热重脱硫实验中发现，镁渣能与 SO_2 发生反应，起到固硫的作用，但其脱硫效率偏低，本书从增加镁渣的比表面积和孔容积的角度出发，采用蒸气活化、水合活化的方法，进一步提高镁渣的钙利用率。

A　实验设备

(1) 蒸气活化器。图 5-12 为樊保国设计建造的小型蒸气活化实验装置，主要由反应器和温度测量控制组成。反应器壳体最外层是一个直径 300mm 的钢套，内侧由保温层和电阻丝构成，壳体的下部加水，上盖可以打开，反应筛上放置药品，悬挂在上盖上，上盖还设有压力表和排空阀各一个，排空阀便于增加水蒸气

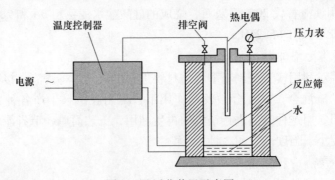

图 5-12　活化装置示意图

分压，提高活化效果。插入上盖的热电偶测得温度数据后输入温度控制器，再经固态继电器改变输入电阻丝的电流来调节其发热功率，从而实现动态温度控制，其反应器保持在实验要求的温度范围内，其温度范围为 $100 \sim 400℃$。

（2）硫化器。由于热重仪得到的反应产物质量不足以完成后续试验，本书自行设计了小型硫化实验台，如图 5-13 所示。参数如下：氮气流量 $0 \sim 1000mL/min$，氧气流量 $0 \sim 80mL/min$，二氧化硫流量 $0 \sim 80mL/min$，温度变化范围 $0 \sim 1200℃$。将氮气、氧气、二氧化硫三种气体按比例混合，用以模拟烟气，石英管通过硅碳棒加热到额定温度，并用温度控制仪确保温度恒定，石英舟中放置了实验药品，通入石英管的混合气体与石英舟的药品发生固硫反应，反应后的气体在经过尾气处理后排入大气。

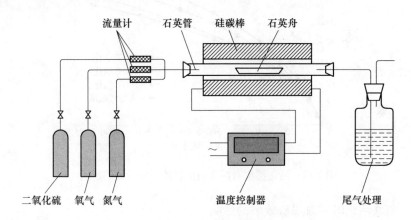

图 5-13 硫化器示意图

B 实验条件

实验条件为温度 $900℃$、O_2 流量 $40mL/min$（5% 含量）、SO_2 流量 $24mL/min$（0.3%）、N_2 流量 $736mL/min$、总流量 $800mL/min$。热重实验时，称取一定质量的样品，放在热重仪的坩埚内，通入 N_2，开始加热。设置初始温度为 $50℃$，升温速率为 $100℃/min$；加热至 $650℃$ 时，升温速率改为 $50℃/min$；加热至 $800℃$ 时，升温速率为 $20℃/min$；加热至 $860℃$ 时，升温速率为 $10℃/min$；直到设定温度 $900℃$；恒温保持 $10min$，切换反应气体，开始实验。

C 实验结果及分析

a 蒸气活化温度对脱硫效率的影响

图 5-14 表示了活化温度对镁渣活化效果的影响。实验结果表明，相对于未经活化的镁渣，不同温度下活化后样品的钙利用率都有不同程度的提高，$120℃$ 时的活化效果最好，随着活化温度的提高，活化效果呈下降趋势。这与 Shearer 和 Marquis 等人研究接近，其原因可以通过气体扩散和化学反应之间的关系以及

化学反应速率与温度的关系加以分析。随着蒸气温度的提高，CaO 和水蒸气之间的化学反应比水蒸气的扩散过程进行得要快。水蒸气主要是在 CaO 颗粒的外层与之发生反应而生成摩尔体积比 CaO 高两倍的 $Ca(OH)_2$，结果使通向 CaO 的孔隙很快被堵塞，而降低了 CaO 的转化程度。而在较低温度条件下，扩散和化学反应过程的控制作用相当，CaO 的水合过程进行得比较均匀一致。

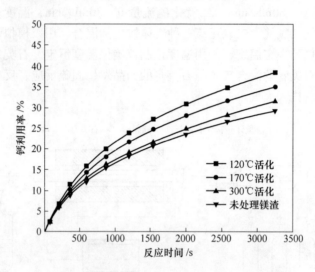

图 5-14   活化温度对活化后的镁渣脱硫性能的影响

b   蒸气活化时间对脱硫效率的影响

图 5-15 很直观地反映出不同活化时间对活化前后镁渣脱硫性能的影响。从图中可以看到，60min 时相邻两条曲线的钙利用率分别提高了 6%、2.5%、1.2%。一般的，活化后的镁渣的脱硫性能都有不同程度的提升，并且随着活化时间的延长，脱硫性能呈持续提高的趋势，但脱硫性能的提高与活化时间的延长不呈线性关系。这是因为反应初期，CaO 颗粒与水蒸气接触面大，反应剧烈，随着反应的不断进行，颗粒表面逐渐被 $Ca(OH)_2$ 所覆盖，水蒸气需要渗透到颗粒内部才能发生反应，因此随着反应程度不断加大，反应趋于停滞。

c   活化时间对乏脱硫剂脱硫效率的影响

对镁渣先进行脱硫，得到的乏脱硫剂进行不同时间的活化，然后再次进行脱硫，将两次的脱硫效率进行叠加，得到了如图 5-16 所示的脱硫性能曲线图。值得注意的是，20min 活化后，镁渣的脱硫性能几乎没有提高，60min 和 120min 活化后反而有很高的性能提高。初次进行脱硫后，镁渣表面被 $CaSO_4$ 所覆盖，镁渣变成了乏脱硫剂，要想使镁渣重新具有脱硫性能，必须有新鲜的 CaO 或者 $Ca(OH)_2$ 露出。20min 的活化，镁渣的脱硫性能几乎没有提高的现象说明，在 20min 内水蒸气分子不足以渗透到颗粒内部。随着活化时间的延长，渗透到颗粒

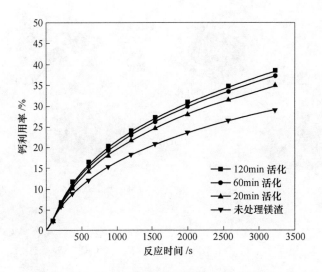

图 5-15　活化时间对活化后的镁渣脱硫性能的影响

内部的水蒸气分子与内部的 CaO 反应，生成摩尔体积更大的 $Ca(OH)_2$，体积的膨胀，撑破了外层的 $CaSO_4$ 包裹，将新鲜的 CaO 或者 $Ca(OH)_2$ 裸露出来。裸露的 CaO 与水分子继续反应，将裸露缝隙继续撑大，甚至反包裹了 $CaSO_4$。图 5-17 是祁海鹰等人给出的乏脱硫剂蒸气活化机理示意图，也很好地论证了实验数据。而在接着的热重实验中，由于反应温度高（900℃），之前生成的 $Ca(OH)_2$ 再次分解，提供了更多的比表面积和孔容积。

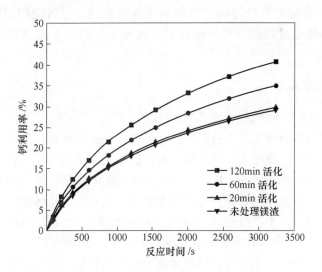

图 5-16　活化时间对乏脱硫剂脱硫效率的影响

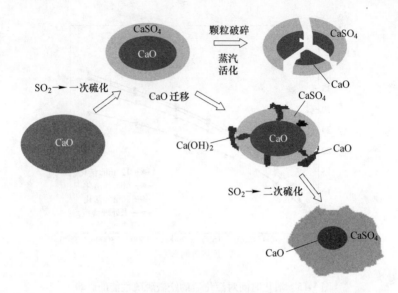

图 5-17　乏脱硫剂蒸气活化机理示意图

D　结论

（1）金属镁渣中的主要化学成分之一的 CaO，可以用作脱硫剂起到脱硫作用。

（2）无论是水合活化还是蒸气活化，都是通过提高镁渣的比表面积和孔容积，从而提高其脱硫性能。

（3）活化效果随蒸气温度的提高而降低。

（4）蒸气活化的效果随活化时间的延长而提高，但时间因素影响并不大，即较短活化时间也可以达到很好的效果，这对活化的工业应用具有重要的现实意义。

5.3.4　赤泥浆脱硫

5.3.4.1　赤泥的开发利用现状

赤泥是用铝矿石提炼氧化过程中产生的赤色碱性废弃物。目前，氧化铝生产方法主要有拜耳法、烧结法和联合法三种。国外大多采用拜耳法提炼氧化铝，由于我国铝土矿溶出性能较差，所以我国主要采用的方法是烧结法和联合法提炼氧化铝。随着铝工业的不断发展，生产氧化铝排出的赤泥日益增加。

目前全世界每年生产氧化铝外排的赤泥约 5000 万吨，我国赤泥每年的排放量也在 5000 万吨以上，且随着氧化铝新厂投产和老厂的改扩建，赤泥的排放总量呈逐渐上升的局势。据统计，历年赤泥的堆存积累量已达数亿吨。目前世界各国大多数氧化铝厂是将赤泥筑坝堆存，不仅占用大量土地，还造成土壤碱化、沼泽化，地下和地表水源污染。在资源趋紧张、环境保护日趋重要的当今社会，赤泥综合利用的研究已成为迫在眉睫的问题。

A 赤泥在建材行业的应用

赤泥本身含有一定量的 β - 硅酸二钙、无定形硅酸盐和碱，使赤泥具有一定的水硬性和凝固性能。故赤泥可应用于建筑行业，这也是目前国内外消耗赤泥量最大，技术最为稳定的一个行业。应用于建材，既经济又快捷，但是赤泥含有较多的放射性元素和碱性过高，使用之前，如不能有效脱除，会污染环境，威胁人的健康，这也是目前赤泥用于建筑行业需慎重的一面。

B 利用赤泥生产各种水泥

赤泥的化学成分主要为氧化钙、二氧化硅、氧化铝和氧化铁，这些都是制备普通硅酸盐水泥的主要化学成分，可以用来替代硅酸盐进行生产水泥。俄罗斯第聂伯铝厂成功研制出拜耳法赤泥生产普通硅酸盐水泥的工艺，配料中可掺入14%的赤泥；日本三井氧化铝公司与水泥厂合作，成功研制出了配入一定赤泥作铁质原料配制水泥生料的工艺，该工艺水泥熟料可有效利用拜耳法赤泥；俄罗斯沃尔霍夫、阿饮和卡列夫氧化铝厂以霞石为原料生产氧化铝，利用其外排的赤泥配比一定量的石灰石生产水泥，实际生产表明1t水泥可利用赤泥 629 ~ 795kg。我国以烧结法赤泥代替黏土，生产普通硅酸盐水泥，每生产1t水泥可利用赤泥629 ~ 795kg。早在20世纪90年代初，山东铝厂就已形成年水泥生产量为110万吨、年赤泥处理量为45万吨的生产规模，长期累积利用的赤泥可达2000多万吨。

目前国内外研究者主要研究用赤泥生产高铁水泥、特种水泥和普通硅酸盐水泥这三个方面。Tsakiridis 等的研究表明，在原料中加入3.5%的赤泥而生产出的硅酸盐水泥，与普通水泥相比，物理性质和力学性质上相似，且在力学性质上具有更高的早期强度；Vangelatosa 等的实验研究显示，在生产水泥的原料中添加2% ~ 5%的铁矾土（是含水率为26% ~ 28%赤泥饼的简称），水泥的强度等各方面性质都能达标，但是铁矾土的添加会造成水泥中 Cr 含量的增加；国内有研究者用烧结法赤泥生产水泥，水泥烧成的温度可降低100 ~ 150℃，而且产量有所提高。赤泥由于碱含量偏高，限制了赤泥在水泥生产的用量。山东铝业公司攻克了这一难关，提高了赤泥在水泥生产中的配比，使赤泥配料提高到了45%，为我国以烧结法、联合法赤泥为原料生产水泥的技术提供了可靠的保障。

C 利用赤泥生产各种砖

我国有十几万家大大小小的砖瓦企业，每年会毁近万公顷的良田。利用赤泥为原料制作烧结砖，不仅可以大量消耗赤泥，而且可以节约宝贵的土地资源。目前国内外的研究表明，可综合利用赤泥生产多种砖，如烧结砖、免烧砖、清水砖、透水砖等。

王晓峰等人以拜耳法赤泥和煤矸石为原料制备烧结砖，在赤泥和煤矸石配比为 75∶25、煤矸石的粒度 100 目、烧结温度保温时间 120min、成型压力 10～15MPa 的工艺条件下制备的烧结砖，经检验各项性能指标符合烧结普通砖的要求，且无明显碱溶出；杨家宽等利用粉煤灰、赤泥、矿山石渣为主要原料制备免烧砖，其各项性能指标均能达到或超过了国家建材行业标准，而且赤泥的用量为 50%，可大量消耗赤泥，并于 2004 年 10 月采用此工艺建成了国内第一条年生产量为 2000 万块的赤泥免烧砖试生产线，试产后各项指标均达到设计要求；刘贵堂发明了一种新的方法制备免烧砖，该方法是在一定配比的原料中另加了一定量的硫酸镁，有效中和了赤泥中所含的大量游离碱。经试验，免烧砖的各项性能均符合要求，其抗压强度和抗折强度均达到国家标准的优等等级，而且衰减和屏蔽了赤泥中的放射性元素，显著降低了放射性危害；徐晓虹等以赤泥为主要原料烧成的环保型赤泥清水砖，可直接用于建筑墙体砌筑和饰面；李国昌等以赤泥 55%、粉煤灰 35%、膨润土 10% 的配方，在型压力 40MPa、烧结温度 1080℃、烧结时间 60min 的工艺条件下，制得的抗压强度为 35.32MPa、磨坑长度为 27.35mm 的赤泥透水砖；张培新等以赤泥为主要原料合成出成色纯正、价格低廉的黑色颗粒料装饰砖，经实验证明，该砖的表面性能、强度特性、耐侵蚀性和耐磨性均良好；Nevin 等烧结法赤泥基本原料，辅以黏土质和硅质材料制成的陶瓷釉面砖，具有配料组分少、价格低的特点，被广泛用于生产黄色素面砖。以上的研究表明，赤泥不仅可以作为生产各类砖的原料，掺入量大、效果好，而且也为赤泥的资源化利用找到了一条可行之路。

D　利用赤泥做路基及筑坝

赤泥含有较多的硅酸二钙，故具有水硬性质。经实验证明，烘干烧结的赤泥可制得化学稳定性好、密度大、强度高的骨料，加之其胶结作用，经压实后具有很高的承载强度和耐久性，用赤泥来铺设公路，铺设完成的公路，完全符合涵青路对向表层、中层和底层的要求。将赤泥作为路基材料应用于公路建设，其工艺简单、投资少、运行稳定、无二次污染，具有良好的经济效益。利用堆存的赤泥开发路面基层材料是一项被看好的大规模消耗赤泥的综合利用技术，不仅可节约大量用于铺筑路基的水泥和碎石，还可减少赤泥对土地的占用和环境污染，对于降低工程造价具有重要意义。谢源等以赤泥、石灰、粉煤为原料，进行了赤泥基层材料固化强度试验，试验表明，固化赤泥道路基层不仅强度高，28d 固化体的抗压强度达到 5MPa，超过石灰、水泥等稳定土的 2～3 倍，而且能大量消耗赤泥，赤泥用量达 80% 以上，大大减少了赤泥的堆存量。齐建召对山东铝业赤泥基层材料的试验研究表明，按赤泥∶粉煤灰∶石灰 = 80∶10∶10 的配比混合而成的道路基层材料 28d 强度可达 3.0MPa，是石灰、水泥等稳定土的 3～4 倍，可满足高等级公路的要求，基于该研究基础上，淄博市淄川区以赤泥为路面基层材料修建了一条宽约 15km、长约 4km 的公路，经相关部门检验，该赤泥路面基层可完全达到了石灰工业废渣稳定土的一级和高速公路的强度要求，为赤泥的综合利用创造了良好的示范效应。

赤泥含有 β－硅酸二钙等水硬性成分，决定赤泥的固化性，故可采用赤泥为主要材料来建坝，以减少堆场建设费。张华英对建坝赤泥的促凝和固化进行了研究，该研究表明赤泥本身或在一定促凝剂的作用下除了能达到普通建坝所要求的力学性能外，还具有一定的抗渗能力；乔英卉对拜耳法赤泥与烧结法赤泥的混合筑坝的研究表明，混合筑坝较黏土坝相比具有更好的抗渗性、较高的抗剪切强度和更高的建坝高度。

E 在农业中的利用

赤泥在农业中的利用主要指的是用赤泥做硅肥，以提高农作物的产量。我国赤泥主要成分不仅含有硅酸二钙及其水合物，还含有植物生长所必需的 Fe、Mg、P、K、Mn、Cu、Zn 等微量元素，这些化合物和微量元素可使植物形成硅化细胞，增强植物的生理效能和抗逆性能，在改善作物果实品质的同时提高产量，因此是生产硅肥的良好原料。利用烧结法赤泥经脱水，在 120～300℃烘干活化并磨至粒径为 90～150μm 而制成硅钙农用肥料，使用在缺硅的土壤中可增产 8%～15%。蔡德龙等以郑州铝厂的烧结法赤泥为主要原料，添加一定成分的添加剂经混合、干燥、球磨后制成的硅肥，应用于花生种植的肥料中，花生的产量获得了较大的提高。故大力发展赤泥硅肥，可以为赤泥综合利用增加一种可行途径。但目前对这一技术如果长期使用，容易引起渗漏，污染地下水源。所以在发展赤泥硅肥的同时，必须攻克这一技术难关，方可使赤泥硅肥之路平坦顺畅。

F 赤泥在环境保护中的利用

赤泥中含有大量的 CaO、Fe_2O_3、Al_2O_3 等表面反应活性成分，且粒度细、比表面积变化幅度大可达 $600～200m^2/g$、分散度高、在水介质中稳定性好等特点，使赤泥成为一种理想的吸附剂。经过取酸活化、热处理、铁改性等预处理改性后的赤泥的吸附性更强，不仅可以去除废水中的放射性物质、重金属离子和某些有机污染物，还作为废水的脱色剂和澄清剂。

a 赤泥用于净化废水

目前，国内外已有许多专家致力于赤泥用于废水净化应用的研究。国外，Gupta 用 H_2O_2 处理过的赤泥吸附废水中的碱性染料，吸收效果良好；Akey 和 H. Soner 利用赤泥吸附剂去除废水中的砷和镉，其实验研究数据表明，当废水的 pH ＝ 3.2 时，赤泥对 As^{3+} 吸附容量为 4.31μmol/g，对 As^{5+} 吸附容量为 5.07μmol/g，对镉的吸附容量为 30%～45%。Dams 等用赤泥作吸附剂，利用横向微滤技术去除废水中的铬，实验数据表明，当 pH ＝ 2 时，铬的去除率可达到 100%；Orescanin 等利用赤泥制成絮凝剂，在不添加任何添加剂的情况下，可以一次去除废水中的阴、阳离子，并在试验室、工厂规模检验了其效果；Shiao 利用 20% 盐酸处理过的赤泥，在 120min 内，脱除 50mg/L PO_4^{3-} 的溶液中 72% 的 PO_4^{3-}。国内，林琳采用赤泥除去电厂废水中的氟，实验结果表明，赤泥配以絮凝剂聚合硫酸铁，具有良好的除氟能力，使排放废水的氟含量降到 10mg/L 以下，可在一定程度代替某些盐或钙盐净水剂；姜浩等用赤泥吸附垃圾渗滤液中的有害物质，对氨氮、COD 的最大吸附量分别可达到 32、87mg/g。

　　上述研究表明，赤泥处理废水的适应面广而且效果好，但由于赤泥本身含有大量的化学物质，用于废水中起吸附作用的赤泥存在于水中势必对水的浊度和毒性有一定的影响，而且粉状赤泥的应用带来了分离和再生的困难，因此要扩大赤泥在环保领域的应用必须考虑到赤泥自身的性质，以免造成二次污染，增加成本。

　　b　赤泥用于净化废气

　　赤泥颗粒细微（小于 50μm）、比表面积大可达（$186.9m^2/g$）、有效固硫成分 CaO、Fe_2O_3 等含量高，且含有部分溶解性的碱，故其对 H_2S、SO_2 等废气有较强的吸附能力和反应活性，因此可代替常用的脱硫吸收剂、石灰或石灰石对废气进行吸收。赤泥吸收净化废气一般可分为干法、湿法两种方法，干法是在干燥状态下利用赤泥表面矿物的活性，直接吸附废气，湿法则是利用赤泥浆液中的碱性成分与废气中的酸性成分反应，而达废气治理的目的。目前国内外学者对赤泥用于废气治理这一领域已有所研究。Jones 等利用赤泥和改性赤泥吸收 CO_2，效果显著；Lammier 等研究表明赤泥作为氨选择还原废气中氮氧化物的催化剂，可提高催化氨还原 NO_x 的活性；德国 K. Snars 等的研究表明，赤泥的烟气脱硫效率可达 80%，若在赤泥中加 Na_2CO_3，则更有利于对的 SO_2 吸附；Bekir 等先将赤泥在 105℃下干燥，然后在 450℃下焙烧 1h 活化，在 500℃、吸附流量为 106～115mL/min 时，活化后的赤泥可使来自火力发电厂、制造业的烟囱中的 SO_2 脱硫率为 100%，循环 10 次后，脱硫率仍达 93.6%。国内，于绍忠等将拜耳法赤泥作为吸收剂，采用湿法脱硫的方法处理热电厂烟气，脱硫效率可达到 81%；陈义等对氧化钼厂拜耳赤泥吸收净化 SO_2 废气进行了研究，研究表明赤泥吸收 SO_2 的能力强，吸收效率高达 95% 以上，可连续吸收长达 5h。以上大量实验研究表明，赤泥可作为废气治理的吸收剂，而且吸收效果良好，可达到以废治废、综合治理的目的。

　　湿法脱硫技术是目前工业应用最多的脱硫技术，而湿法脱硫技术中又以石灰石－石膏湿法脱硫技术的商业应用最为广泛，约占脱硫市场的 90%。虽然石灰石－石膏湿法与其他脱硫方法比具有脱硫效率高、技术成熟、运行可靠、对煤种适应性强的特点，但其投资费用高，让很多急需脱硫的企业望而却步，而传统的脱硫剂－石灰石或石灰就是其成本的一大块。用工业废弃物——氧化铝厂的外排赤泥作为吸收剂，取代石灰石－石膏湿法中石灰石或石灰，不仅能大大减低脱硫成本，而且可为赤泥的综合利用开辟一条新道路，是以废治废的新举措，可为社会带来良好的经济效益。

5.3.4.2 赤泥浆脱硫研究现状

赤泥是氧化铝冶炼工业中排放出的赤色高碱性固体废弃物。赤泥废渣的处理和综合利用成为一个世界性的大难题。堆存赤泥不但占用大量土地，而且容易造成土地碱化及水系的污染。赤泥中的许多可二次利用的成分得不到合理利用，造成资源的浪费，阻碍了铝工业的发展。李惠萍等采用赤泥对工业烟气进行脱硫，在最佳工艺条件下（烟气流量 3.6mL/h，液固比 7∶1，液气比 12L/m³），赤泥吸收烟气中 SO_2 的效率高达 95% 以上。相同条件下，对比石灰石－石膏湿法脱硫工艺，赤泥脱硫的效果更好。中国铝业山东分公司对赤泥脱硫进行两次工业化脱硫试验，在两次试验成功的基础上投资建成了一条赤泥脱硫剂生产线，平均脱硫率达到 75%～78%。生产实践表明，要确保较高脱硫效率，需要稳定赤泥脱硫剂的物理性能指标、流化床锅炉的气力输送设备运行参数等。

5.3.4.3 赤泥的脱硫实验及工艺研究

实验在郑州新力电力有限公司现场搭建的实验室进行，所用烟气由 2 号增压风机出口引出，其中 SO_2 浓度平均为 1900mg/m³，浓度较低，利用困难。实验采用自行设计的 1700mm×60mm 玻璃吸收塔装置，配置了实验所需的浆液循环泵、离心风压机、浆液及烟气流量计、阀门等设备及部件，采用正交试验，分析了液固比、烟气流量、液气比等因素对 SO_2 吸收率的影响。装置及工艺流程如图 5-18

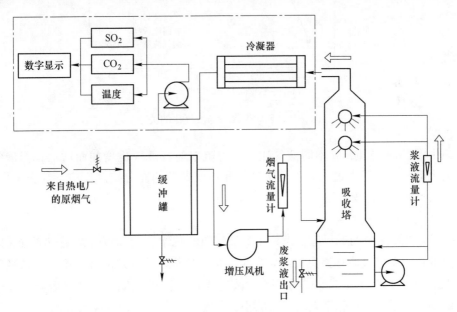

图 5-18 装置及工艺流程

所示。原烟气经空气压缩机升压后，通过气体流量计计量，进入吸收塔并和塔内雾状液滴充分接触脱硫后再经管道排入大气。在烟气出口使用德国 RBR 公司生产的 Ecom-J2KN 手持式烟气分析仪测定烟气中 SO_2 的含量。环槽内的浆液通过阀门控制流量，由液体流量计计量后泵入塔上部的喷淋装置内，浆液再通过喷淋装置在吸收塔内形成雾状与烟气逆流接触，进行传质、传热后，下降落入浆液循环槽。实验中每隔 10min 测定一次浆液槽中浆液的 pH 值和出口烟气 SO_2 的浓度。

A 液气比的影响

保持赤泥浆液液固比 7∶1、烟气流量 $3.6m^3/h$，改变浆液流量，测量不同液气比下的脱硫率，获得吸收塔出口处脱硫率与液气比的关系曲线，如图 5-19 所示。

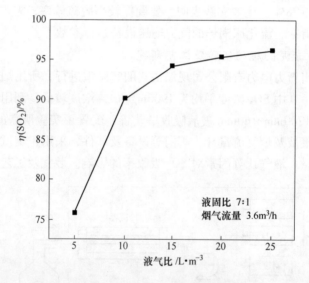

图 5-19 SO_2 吸收率与液气比的关系

由图 5-19 可知，在不同液气比下，脱硫率随着液气比增加而增加；但液气比太大会使气体阻力过大，不利于气体和赤泥颗粒的充分接触反应。综合考虑，取液气比 $12L/m^3$ 较合适。

B 液固比的影响

SO_2 与赤泥中的碱反应，是一个扩散传质和化学反应的综合结果。随着液固比的变化，矿浆吸收体系黏度必定发生变化，这将影响 SO_2 的吸收率。保持液气比 $12L/m^3$、烟气流量 $3.6m^3/h$ 不变，改变赤泥浆液的液固比，测量脱硫率。随着液固比的增加，脱硫率先增大后减小，出现一极大值 94.3%。当液固比为 5∶1 时，浆液浓度过高，黏度太大，反应速率较低，脱硫效果不好；但液固比过高，浆液太稀，同样导致脱硫率不高。

C　烟气流量的影响

在浆液液固比为 7：1、液气比为 12L/m³ 的条件下，SO₂ 吸收效率随烟气流量的关系变化见图 5-20。

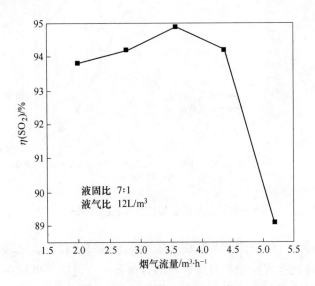

图 5-20　SO₂ 吸收率与烟气流量的关系

从图 5-20 可看出，保持其他参数不变，赤泥的脱硫率随烟气流量的增加缓慢增加，当达到极大值后减小。烟气流量增加意味着气速增加，提高气速可提高气液两相的湍动程度，减小烟气与液滴间的膜厚度，提高了传质系数，可提高脱硫效率。另外，气量太大，气 - 液接触时间缩短，甚至造成烟气短路，未参与反应的 SO₂ 被烟气带出，导致脱硫效率下降。因此，烟气流量在 3.5 ~ 4.5m³/h 之间最适宜。

D　烟气的赤泥脱硫与石灰石法对比

在液固比为 7：1（赤泥和石灰石质量均为 150g），浆液流量为 45L/h，烟气流量为 3.6m³/h 的条件下，石灰石与赤泥浆液的 SO₂ 吸收率随时间变化的关系见图 5-21。

由图 5-21 可看出，石灰石浆液的吸收率在开始的 3h 内稳定在 82.2% ~ 83%之间，之后迅速下降。而赤泥的吸收率在开始后 4h 都保持在 93% 左右，之后赤泥的吸收率缓慢下降，故无论从吸收效率还是吸收时间来说，赤泥的脱硫效果优于目前采用的石灰石 - 石膏湿法。

结论：将联合法赤泥用于处理热电厂的烟气，可以实现以废治废和资源的综合利用。采用自行设计的吸收塔获得最佳的脱硫工艺条件：液固比为 7：1，烟

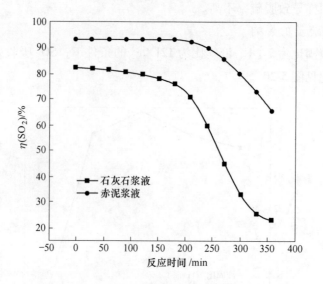

图 5-21　赤泥脱硫与石灰石脱硫效果对比

气流量为 $3.6m^3/h$，此条件下赤泥脱硫率可以达到 95% 以上，可以实现热电厂烟气达标排放。对比赤泥脱硫和目前采用的石灰石 – 石膏法，可知在脱硫效率和反应时间上，赤泥脱硫都要优于石灰石 – 石膏法。赤泥用于烟气脱硫具有很好的社会效益、经济效益和环境效益。

5.3.4.4　赤泥的脱硫机理

赤泥的物相组成如表 5-6 所示。

表 5-6　赤泥成分

成　分	质量分数/%	成　分	质量分数/%
SiO_2	21.43	CaO	46.8
TiO_2	2.90	MgO	1.70
Na_2O	2.80	Fe_2O_3	8.12
Al_2O_3	8.22		

取正交试验中脱硫效率最好的赤泥即 pH = 3.6 的赤泥浆液，先沉淀，过滤，取滤饼在 60℃ 的恒温条件下烘干，做成样品，送往郑州轻金属研究院，对其进行 X 射线衍射（XRD）分析，在 Cu 靶材、工作电压和电流分别为 40kV 和 100mA、测量角度为 0°～50° 的条件下测得如图 5-22 所示的脱硫后赤泥粉末的衍射图和表 5-7 的矿物组成。

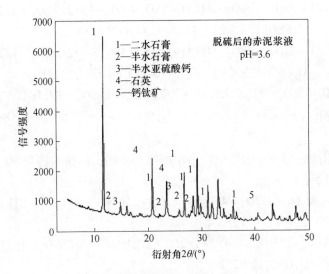

图 5-22 脱硫后赤泥的衍射图谱

表 5-7 脱硫后赤泥的矿物组成

序号	物 相	化学式	质量分数/%
1	二水石膏	$CaSO_4 \cdot 2H_2O$	50
2	半水石膏	$CaSO_4 \cdot 1/2H_2O$	10
3	半水亚硫酸钙	$CaSO_3 \cdot 1/2H_2O$	17
4	石英	SiO_2	18
5	钙钛矿	$CaTiO_3$	4

由此可得，脱硫后的赤泥柴液中的产物主要为石膏、半水硫酸钙和半水亚硫酸钙，占总成分的 77%。与表 5-7 原赤泥的矿物组成相比，石英和钙钛矿的含量基本不变，这也就表明，在赤泥浆液吸收烟气中的 SO_2 反应中，石英和钙钛矿基本不参与反应，而原赤泥中的方解石、水化石榴石、硅铝酸钙等皆与烟气中的 SO_2 反应，生成相应的硫化物沉淀。故我们可得出在赤泥浆液吸收 SO_2 的过程中发生如下反应。

（1）方解石与 SO_2 的反应

$$CaCO_3 + SO_2 + 1/2O_2 + H_2O \longrightarrow CaSO_4 \cdot 2H_2O + CO_2 \qquad (5-25)$$

（2）水化石榴石与 SO_2 的反应。由表 5-7 中的 $CaSO_4 \cdot 2H_2O$、$CaSO_4 \cdot 1/2H_2O$ 和 $CaSO_3 \cdot 1/2H_2O$ 的物相我们可推测发生如下反应（但尚不能确定在实际反应中发生了哪几步反应，还有待后续研究）。

$$3CaO \cdot Al_2O_3 \cdot SiO_2 \cdot 4H_2O + 5SO_2 + 4O_2 + H_2O \longrightarrow 2CaSO_4 \cdot 2H_2O +$$
$$Al_2(SO_4)_3 + CaO \cdot SiO_2 \cdot H_2O \qquad (5-26)$$

$$3CaO \cdot Al_2O_3 \cdot SiO_2 \cdot 4H_2O + 5SO_2 + 3O_2 \longrightarrow 2CaSO_3 \cdot 1/2H_2O +$$
$$Al_2(SO_4)_3 + CaO \cdot SiO_2 \cdot H_2O + 2H_2O \tag{5-27}$$

$$3CaO \cdot Al_2O_3 \cdot SiO_2 \cdot 4H_2O + 5SO_2 + 4O_2 \longrightarrow 2CaSO_4 \cdot 1/2H_2O +$$
$$Al_2(SO_4)_3 + CaO \cdot SiO_2 \cdot H_2O + 2H_2O \tag{5-28}$$

$$3CaO \cdot Al_2O_3 \cdot SiO_2 \cdot 4H_2O + 5SO_2 + 7/2O_2 \longrightarrow CaSO_4 \cdot 1/2H_2O +$$
$$Al_2(SO_4)_3 + CaSO_3 \cdot 1/2H_2O + Al_2(SO_4)_3 + CaO \cdot SiO_2 \cdot H_2O + 2H_2O \tag{5-29}$$

（3）硅铝酸钙与 SO_2 的反应。由于产物的不同，硅铅酸钙与 SO_2 的反应存在多种，反应如下：

$$CaO \cdot Al_2O_3 \cdot 2SiO_2 + 4SO_2 + 7/2O_2 + 2H_2O \longrightarrow CaSO_4 \cdot 2H_2O +$$
$$Al_2(SO_4)_3 + 2SiO_2 \tag{5-30}$$

$$CaO \cdot Al_2O_3 \cdot 2SiO_2 + 4SO_2 + 7/2O_2 + 1/2H_2O \longrightarrow CaSO_4 \cdot 1/2H_2O +$$
$$Al_2(SO_4)_3 + 2SiO_2 \tag{5-31}$$

$$CaO \cdot Al_2O_3 \cdot 2SiO_2 + 4SO_2 + 3O_2 + 1/2H_2O \longrightarrow CaSO_3 \cdot 1/2H_2O +$$
$$Al_2(SO_4)_3 + 2SiO_2 \tag{5-32}$$

$$2CaO \cdot Al_2O_3 \cdot 2SiO_2 + 8SO_2 + 13/2O_2 + 1/2H_2O \longrightarrow CaSO_4 \cdot 1/2H_2O +$$
$$2Al_2(SO_4)_3 + 4SiO_2 + CaSO_3 \cdot 1/2H_2O \tag{5-33}$$

（4）赤铁矿与 SO_2 的反应

$$Fe_2O_3 + SO_2 + 3/2O_2 \longrightarrow Fe_2(SO_4)_3 \tag{5-34}$$

用赤泥浆液吸收 SO_2 是一个包括物理吸收与化学吸收的过程。吸收剂的脱硫过程是在气、液、固三相之间进行的，是一个包含气液传质、化学反应的综合过程。可将反应分为以下 4 个步骤。

（1） SO_2 的溶解电离：

① SO_2 气体中扩散吸收，SO_2 扩散通过气膜。

② SO_2 的物理吸收，由气态转入液态

$$SO_2(g) + H_2O \longrightarrow SO_2(aq) + H_2O \tag{5-35}$$

③ SO_2 与溶剂的相互作用

$$SO_2(aq) + H_2O \longrightarrow H_2SO_3 \tag{5-36}$$

④　　　　　　$$H_2SO_3 \rightleftharpoons H^+ + HSO_3^- \rightleftharpoons 2H^+ + SO_3^{2-} \tag{5-37}$$

（2）赤泥的溶解。赤泥是氧化铝厂的外排物，因生产方法的不同，其化学组成与矿物组成也不同。以本书研究的联合法赤泥为例，联合法赤泥的 CaO 化学成分中的含量最高，但基本上以石英、$CaCO_3$、$3CaO \cdot Al_2O_3 \cdot 4SiO_2$ 和 $CaO \cdot Al_2O_3 \cdot 2SiO_2$ 等矿物成分形式存在。石英是不溶物和非活性物质，非常难与 SO_2 反应。从表 5-6 和表 5-7 来看，赤泥中有用的活性物质都并不是以其单一的化学组分存在，都是以各自比较稳定的矿物组成存在，故赤泥的溶解，我们不可单一

理解是 $CaCO_3$ 的溶解或其他活性物质的溶解。赤泥的组成复杂，为了研究方便，我们并不逐一考虑赤泥中各种活性物质溶解的反应机理，而是把赤泥作为一个整体来研究。

（3）氧化反应

$$OH^- + 2H^+ \longrightarrow 2H_2O \tag{5-38}$$

$$HSO_4^- \rightleftharpoons H^+ + SO_4^{2-} \tag{5-39}$$

（4）中和反应。为赤泥中的各活性物质溶解电离出来的 OH^- 离子与 SO_2 溶于水中电离出的 H^+ 的反应：

$$OH^- + 2H^+ \longrightarrow 2H_2O \tag{5-40}$$

如图 5-23 所示，对于 δ_1 中的反应步骤 1 来说，喷淋塔内的 SO_2 吸收过程是 SO_2 从气相向液相的物质传递过程。这一过程可以采用双膜理论的模型来阐释。根据双膜理论，假设在气液之间存在一个稳定的相界面，界面两侧各存在一个很薄的气膜和液膜（以分子扩散的方式通过气膜到液膜层）。在流体充分湍动、SO_2 的浓度是均匀的条件下，SO_2 分子由气相到液相的传质阻力是气膜阻力（δ_1）和（δ_2）液膜阻力之和。其 SO_2 的传质速率可用式（5-41）表示：

$$R_g = k_g(p_A - p_B) = K_{L1}c_A \tag{5-41}$$

式中，R_g 为 SO_2 的传质速率；k_g 为气膜传质系数；K_{L1} 为液膜（δ_2）传质系数 δ_1；p_A 为气流中的分压；p_B 为气液界面处的分压；c_A 为反应层出溶解态的 SO_2 的浓度。

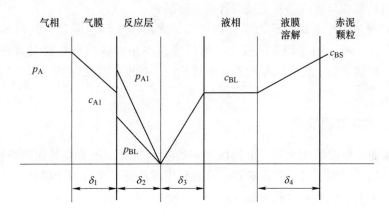

图 5-23　赤泥吸收 SO_2 的示意图

p—气相压力；c—液相浓度；A1—气态的 SO_2、溶解态的 SO_2；S—颗粒；L—溶解态

对于 δ_2 中的反应步骤 2 来说，在喷淋塔内，柴液中的赤泥颗粒表面也有一层很薄的液膜，我们称之为液膜（δ_4）。赤泥颗粒表层的可溶物质不断溶解和离解，并扩散通过液膜（δ_4）到达液相主体，在喷淋良好的吸收塔中，液相中各离

子的浓度基本均匀,由液相传递进入液膜(δ_3)即反应层进行反应。因此,赤泥中的可溶离子从固相出发抵达反应膜层需要经过两次液膜传质,其主体扩散和反应层反应的阻力都很小。同样,赤泥的反应速率可用式(5-42)表示:

$$R_L = K_{L2}(c_{BS} - c_{BL}) \tag{5-42}$$

式中,R_L 为赤泥的传质速率;K_{L2} 为液相总传质系数;$c_{BS} - c_{BL}$ 为液相赤泥溶解离子浓度差。

由上述反应式可知,影响液相传质速率的主要是液相总传质系数和离子浓度差。而液滴内部的湍动能使物质交换加剧,同时液体中的化学反应也加快反应层上的物质交换速度。故对于赤泥浆液来说,喷淋塔的喷淋强度和赤泥中可与 SO_2 反应物质的活性是影响反应速率非常重要的因素。至于 δ_3 中的步骤 3 和 δ_4 中的步骤 4 来说,在反应膜层,参加反应的主要是溶解态的 SO_2、HSO_3^-、SO_3^{2-}、SO_4^{2-},和它们与赤泥溶解于液相的离子的反应是瞬时进行的。综上所述,赤泥湿法脱硫的动力学控制主要集中 SO_2 溶解时的气膜阻力(δ_1)、液膜阻力(δ_2)、赤泥溶解时需要克服的液膜阻力(δ_3)和(δ_4)。故改变扩散系数、传递膜厚度及粒子传质浓度梯度都将对脱硫过程产生较大的影响。

结论:(1)赤泥与烟气中 SO_2 反应并不是简单的赤泥中各个化学成分与 SO_2 的反应。由脱硫后赤泥的衍射图谱和矿物组成可知,赤泥中的石英和钙钛矿反应前后基本上没有变化,其是惰性物质,不与烟气中的 SO_2 的发生反应。而在脱硫后赤泥的矿物组成中并没有方解石、水化石榴石、硅铝酸钙、赤铁矿物相的存在,说明其都参与反应,并生成石膏或亚硫酸钙。

(2)通过赤泥脱硫的动力学分析可知,赤泥用于湿法脱硫,其与 SO_2 的反应是一个气-液-固三相逆流反应,其反应速率是由液膜和气膜阻力共同控制的。改变扩散系数、传递膜厚度及粒子传质浓度梯度都将对脱硫过程产生较大的影响。

5.3.5　其他矿浆脱硫

矿浆脱硫中除了用大宗工业固废中的冶炼渣脱硫,还有些其他的脱硫方法,矿石经过选矿后剩下的低品位矿石,开发利用度较低,也可用于脱硫,比如软锰矿浆、磷矿浆、钒矿浆等脱硫技术。

参 考 文 献

[1] 徐志昌, 张萍. 从栾川浮选钼尾矿中综合利用白钨矿的过程研究 [J]. 中国钼业, 2002, 26 (5): 5~9.

[2] 苏惠民, 姜仁社, 顾元良. 从金矿尾矿中回收金、银、硫的试验研究 [J]. 黄金, 2003, 24 (8): 31~33.

[3] 曾懋华, 颜美凤, 奚长生, 等. 从凡口铅锌矿尾矿中回收铅锌 [J]. 金属矿山, 2007, 37 (9): 123~126.

[4] 曾懋华, 颜美凤, 奚长生, 等. 从凡口铅锌矿尾矿中回收硫精矿的研究 [J]. 矿冶工程, 2007, 27 (1): 36~39.

[5] 李淮湘, 牛福生, 周闪闪, 等. 从河北某铁尾矿中回收钛铁矿试验研究 [J]. 中国矿业, 2010, 19 (4): 68~70.

[6] 刘恋, 郝情情, 郝梓国, 等. 中国金属尾矿资源综合利用现状研究 [J]. 地质与勘探, 2013, 49 (3): 437~443.

[7] 王巧玲. 尾矿中回收绢云母的改性及其在橡胶中的应用 [J]. 有色金属工程, 2008, 60 (2): 135~138.

[8] 田朝晖, 王斌, 李继涛. 栾川钼矿田伴生硅灰石资源及其综合利用浅析 [J]. 中国钼业, 2001 (1): 23~26.

[9] 申少华, 李爱玲. 湖南柿竹园多金属矿石榴石资源的开发利用 [J]. 矿产与地质, 2005, 19 (4): 432~435..

[10] 王毓华, 黄传兵, 陈兴华, 等. 从某钽铌尾矿中回收长石和石英的试验研究 [J]. 中国矿业, 2005, 14 (9): 38~40.

[11] 侯明兰, 曲鸿鲁, 杨学作. 山东省矿山尾矿综合利用现状与建议 [J]. 矿冶, 2004, 13 (4): 38~41.

[12] 田信普, 李骏. 江西德兴铜矿尾矿提取绢云母及综合利用的探讨 [J]. 地质与勘探, 2000, 36 (5): 47~48.

[13] 苏敏, 陈建文. 尾矿中绢云母回收技术及绢云母应用实践 [J]. 中国非金属矿工业导刊, 2000 (5): 29~31.

[14] 雷传扬, 汪雄武, 苟正彬, 等. 甲玛铜多金属矿矽卡岩型矿石中硅灰石的综合利用 [J]. 矿产综合利用, 2012 (1): 50~52.

[15] 刘恋, 郝情情, 郝梓国, 等. 中国矽卡岩型矿床尾矿的综合利用现状 [J]. 中国矿业, 2012, 21 (11): 52~54.

[16] 袁剑雄, 刘维平. 国内尾矿在建筑材料中的应用现状及发展前景 [J]. 中国非金属矿工业导刊, 2005 (1): 13~16.

[17] 邱媛媛, 赵由才. 尾矿在建材工业中的应用 [J]. 有色冶金设计与研究, 2008, 29 (1): 35~37.

[18] 李玲, 杨超. 利用尾矿作为建材原料的研究进展 [J]. 建材发展导向, 2014, 12 (16): 63~67.

[19] 袁定华. 稀土尾矿在陶瓷坯釉中的应用 [J]. 陶瓷研究, 1991 (3): 121~127.

［20］张会敏. 利用铁矿尾矿生产卫生洁具［J］. 陶瓷, 2002 (1): 28~30.

［21］杨帆. 谈尾矿在建材中的综合利用［J］. 广东建材, 2013, 29 (10): 27~29.

［22］查峰, 薛向欣, 李勇. 工业固体废弃物作为合成微晶玻璃原料的开发和利用［J］. 硅酸盐通报, 2007, 26 (1): 151~154.

［23］张先禹. 高钙镁型铁尾矿饰面玻璃的研制［C］//2000 全国矿产资源和二次资源综合利用学术研讨会, 2000.

［24］杨振兰. 浅谈尾矿在农业中的应用［J］. 本钢技术, 2015 (2): 5~8.

［25］赖才书, 胡显智, 字富庭. 我国矿山尾矿资源综合利用现状及对策［J］. 矿产综合利用, 2011 (4): 11~14.

［26］雷瑞, 付东升, 李国法, 等. 粉煤灰综合利用研究进展［J］. 洁净煤技术, 2013, 19 (3): 106~109.

［27］周红. 水泥工业对工业废渣的综合利用［J］. 山西科技, 2011, 26 (1): 96~97.

［28］易龙生, 王浩, 王鑫, 等. 粉煤灰建材资源化的研究进展［J］. 硅酸盐通报, 2012, 31 (1): 88~91.

［29］景国, 李文斌. 不同细度和掺量的粉煤灰对水泥性能的影响［J］. 四川水泥, 2010 (2): 53~54.

［30］许丽丽. 节能环保的新型墙体材料的现状与发展［D］. 太原: 太原理工大学, 2010.

［31］封鉴秋, 谭伟, 李素平, 等. 钢渣–粉煤灰微晶玻璃的研制［J］. 河南建材, 2010 (6): 40~42.

［32］陈珏. 粉煤灰陶粒的制备及处理含油废水的研究［D］. 北京: 北京化工大学, 2004.

［33］杨志强. 浅析火电厂粉煤灰及其综合利用前景［J］. 城市建设理论研究 (电子版), 2012 (27).

［34］张枫. 粉煤灰硅钙板的研制［J］. 粉煤灰综合利用, 1996 (3): 48~49.

［35］全北平, 徐宏, 古宏晨, 等. 粉煤灰空心微珠的研究与应用进展［J］. 化工矿物与加工, 2003, 32 (11): 31~33.

［36］徐金芳, 杨洋, 常智慧, 等. 粉煤灰农业利用的研究进展［J］. 湖北农业科学, 2011, 50 (23): 4771~4774.

［37］Adriano D C, Weber J T. Influence of fly ash on soil physical properties and turfgrass establishment［J］. Journal of Environmental Quality, 2001, 30 (2): 596.

［38］Fisher G L, Chang D P, Brummer M. Fly ash collected from electrostatic precipitators: microcrystalline structures and the mystery of the spheres［J］. Science, 1976, 192 (4239): 553~555.

［39］鲁晓勇, 朱小燕. 粉煤灰综合利用的现状与前景展望［J］. 辽宁工程技术大学学报, 2005, 24 (2): 295~298.

［40］赵亚娟, 刘转年, 赵西成. 粉煤灰吸附剂的研究进展［J］. 材料导报, 2007, 21 (11): 88~90.

［41］刘桂芝. 浅谈粉煤灰综合利用及发展建议［J］. 甘肃科技, 2006, 22 (6): 123~124.

［42］刘学伦, 王孚懋, 王霞, 等. 粉煤灰在环境工程中的应用［J］. 山东环境, 2000 (5): 58~59.

[43] 王永庆, 史晓杰, 孙川. 粉煤灰的综合利用研究现状 [J]. 广州化工, 2009, 37 (7): 40~42.

[44] 廖红卫, 夏清, 罗要菊, 等. 高掺量粉煤灰饰面砖的坯料配方及配料工艺研究 [J]. 中国陶瓷工业, 2005, 12 (6): 11~16.

[45] 吴秀文, 张林涛, 马鸿文, 等. 由粉煤灰合成铝硅酸盐介孔材料 (英文) [J]. 硅酸盐学报, 2008, 36 (2): 266~270.

[46] 郭彦霞, 张圆圆, 程芳琴. 煤矸石综合利用的产业化及其展望 [J]. 化工学报, 2014, 65 (7): 2443~2453.

[47] 孙家瑛. 用煤矸石炉渣取代天然砂的混凝土性能研究 [J]. 建筑材料学报, 2012, 15 (2): 179~183.

[48] 李永靖, 邢洋, 张旭, 等. 煤矸石骨料混凝土的耐久性试验研究 [J]. 煤炭学报, 2013, 38 (7): 1215~1219.

[49] 徐红艳, 孙培梅, 童军武. 煤矸石中有价元素的提取 [J]. 金属材料与冶金工程, 2006, 34 (5): 39~43.

[50] 彭富昌, 王青松. 我国煤矸石的综合利用研究进展 [J]. 能源环境保护, 2016, 30 (1): 17~20.

[51] 叶吉文, 沈国栋, 路露. 煤矸石的危害与综合利用 [J]. 中国资源综合利用, 2010, 28 (5): 32~34.

[52] 裴晓东, 张人伟, 杜高举, 等. 煤矸石的综合利用技术探讨 [J]. 煤矿安全, 2008, 39 (9): 99~101.

[53] 魏鬼. 煤矸石基质改良及草被植物适应性研究 [D]. 贵阳: 贵州大学, 2009.

[54] 郭宇, 周维贵, 杨径舟, 等. 煤矸石综合利用的现状及存在的问题探讨 [J]. 黑龙江科技信息, 2016 (2): 32.

[55] 李雨芯, 邱媛媛. 矿山固体废弃物在土地复垦中的应用 [J]. 有色冶金设计与研究, 2008, 29 (1): 38~40.

[56] 佚名. 煤矸石造气 [J]. 煤炭科学技术, 1977 (4).

[57] 张庚福. 安徽省工业副产石膏资源的调查及其综合利用建议 [J]. 安徽化工, 2013, 39 (1): 29~32.

[58] 姜春志, 董风芝. 工业副产石膏的综合利用及研究进展 [J]. 山东化工, 2016, 45 (9): 42~44.

[59] 姜春志. 电石渣-废酸中和石膏制备建筑石膏试验研究 [D]. 淄博: 山东理工大学, 2016.

[60] 黄守兵, 唐楷, 缪建波. 石膏砌块的发展现状与展望 [J]. 四川建筑, 2014 (2): 227~228.

[61] 邵玉翠, 任顺荣, 廉晓娟, 等. 盐渍化土壤施用有机物——脱硫石膏改良剂效果的研究 [J]. 水土保持学报, 2009, 23 (5): 175~178.

[62] 李季, 吴洪生, 高志球, 等. 磷石膏对麦田 CO_2 排放和小麦产量的影响及其经济环境效益分析 [J]. 环境科学, 2015 (8): 3099~3105.

[63] 周静, 邹洪涛, 邢焰, 等. 磷石膏制备纳米氧化钙基二氧化碳吸附剂工艺的优化 [J]. 无机盐工业, 2016, 48 (10): 73~76.

［64］王慧琴. 赤泥的综合利用研究［D］. 上海：上海大学，2007.

［65］余启名，周美华，李茂康，等. 赤泥的综合利用及其环保功能［J］. 中国资源综合利用，2007，25（9）：125～127.

［66］姜平国. 赤泥中回收稀土金属的综述［J］. 资源再生，2005，24（10）：8～9.

［67］姜平国，梁勇，王鸿振. 赤泥中回收稀有金属［J］. 上海有色金属，2006，27（1）：36～39.

［68］何伯泉，周国华，薛玉兰. 赤泥在环境保护中的应用［J］. 轻金属，2001（2）：24～26.

［69］张亚洲，李宇，苍大强. 铁合金渣综合利用的研究现状及发展趋势［J］. 冶金能源，2013（5）：44～47.

［70］张玉明，李晓恒，张福元. 黄金冶炼尾渣综合利用研究进展［J］. 无机盐工业，2014，46（12）：12～15.

［71］葛利杰，杨鼎宜，李浩，等. 镍渣综合利用技术综述［J］. 江苏建材，2015（4）：6～9.

［72］刘群. 铅锌冶炼渣的资源化研究进展［J］. 河南化工，2017，34（2）：11～15.

［73］黄勇刚，狄焕芬，祝春水. 钢渣综合利用的途径［J］. 工业安全与环保，2005，31（1）：44～46.

［74］赵俊学，李小明，唐雯聃，等. 钢渣综合利用技术及进展分析［J］. 鞍钢技术，2013（3）：1～6.

［75］牛云辉，封培然. 电石渣的应用现状［J］. 中国氯碱，2010（11）：35～38.

［76］杨娟，钱觉时. 谈电石渣特性及其建材资源化途径［J］. 粉煤灰综合利用，2007（3）：54～56.

［77］焦双健，陈阳. 浅谈电石渣综合利用研究进展［J］. 建材发展导向，2012（4）.

［78］王欣荣. 浅谈电石渣的综合利用［J］. 中国氯碱，2003（8）：36～39.

［79］闫秀华，李世扬. 电石渣综合利用生产砌块［J］. 聚氯乙烯，2007（5）：43～44.

［80］郝敬团，姜旭峰，杨宏伟，等. 电石渣的应用现状与研究进展［J］. 广州化工，2013，41（8）：45～46.

［81］赵学军，杨振军，林新伟，等. 电石渣资源化综合利用发展现状［J］. 中国氯碱，2016（7）：43～47.

［82］黄新章，徐有宁. 电石渣在治理污染方面的应用［J］. 沈阳工程学院学报（自然科学版），2010，6（3）：211～214.

［83］武秀梅. 电石渣浆–石膏湿法脱硫工艺的应用［J］. 化工技术与开发，2014（5）：58～59.

［84］胡国静，张树增，王键红. 电石渣的综合利用［J］. 聚氯乙烯，2006（8）：39～41.

［85］幺恩琳，王晓强. 氯碱行业电石渣综合利用的发展及前景展望［J］. 中国氯碱，2013（2）：40～42.

［86］闫琨，周康根. 电石渣综合利用研究进展［J］. 环境科学导刊，2008，27（S1）：103～106.

［87］郭琳琳，李苗苗，马园园，等. 电石渣在化工领域的资源化利用［J］. 沧州师范学院学报，2014，30（1）：45～48.

［88］武春锦. 磷矿浆脱除燃煤锅炉烟气中 SO_2 的研究［D］. 昆明：昆明理工大学，2016.

［89］James W M. The Interaction of Cobalt with Hydrous Manganese Dioxide［J］. Geo chemical et Cosmochimica Acta，1975，39：635.

［90］ 金会心，史连军，李军旗，等．用软锰矿浆吸收工业废气中 SO_2 气体的研究［J］．能源工程，2003，4：33.

［91］ 张一梅，丁桑岚，蒋文举．低浓度软锰矿与细菌脱除 SO_2 的研究［J］．中国锰业，25（1）：21.

［92］ 孙维义，苏仕军，丁桑岚，等．烟气氧硫比对软锰矿浆烟气脱硫体系浸锰过程及脱硫产物的影响［J］．高校化学工程学报，2011，25（1）：143.

［93］ 仵恒，李水娥，胡亚林，等．软锰矿中的杂质对烧结烟气脱硫的影响［J］．湿法冶金，2015，34（2）：146.

［94］ 孙世利，朱晓帆，软锰矿共存组分在烟气脱硫过程中的实验研究［J］．化工技术与开发，2005，34（3）：54.

［95］ 李水娥，李伟，潘飞飞，等．烟气脱硫副产物硫酸锰的富集及净化工艺的研究［J］．广州化工，2016，44（1）：53.

［96］ 徐莹，苏仕军，孙维义．脱硫尾渣中硫酸铵及锰离子的洗涤回收［J］．中国锰业，2011，29（1）：17.

［97］ 郎婷，许东东，易梦雨，等．软锰矿烟气脱硫渣制备硫铝酸盐水泥熟料［J］．环境工程，2014，32（10）：108.

［98］ 任志凌，朱晓帆，蒋文举，等．软锰矿浆烟气脱硫反应器试验研究［J］．环境污染治理技术与设备，2004，5（11）：90.

［99］ 刘连利，张惠．单塔多级吸收反应器设计与软锰矿浆烟气脱硫实验研究［J］．化学世界，2010，8：449.

［100］ 吴复忠，李军旗，蔡九菊，等．烧结烟气脱硫中试研究［J］．过程工程学报，2009，9（S1）：66.

［101］ 朱晓帆．软锰矿烟气脱硫研究［D］．成都：四川大学，2002.

［102］ 刘建英，谭显东，信欣．软锰矿烟气脱硫的研究进展［J］．资源开发与市场，2009，25（3）：196.

［103］ 汤争光，蒋文举．软锰矿催化氧化二氧化硫的过程与机理研究［J］．环境科学与技术，2008，31（2）：13.

［104］ 刘卉卉，宁平．磷矿浆催化氧化湿法脱硫研究（Ⅱ）［J］．化工矿物与加工，2006，7：12.

［105］ 刘卉卉，宁平．微波辐照对磷矿浆吸收 SO_2 的影响［J］．中国工程科学，2005，7（S1）：425.

［106］ 孟蕾，甘海明，杨春平，等．模块组合式双循环脱硫除尘实验装置［J］．实验技术与管理，2008，25（4）：76.

［107］ 梅毅，武春锦，李慧，等．一种脱除尾气中 SO_2 的方法：中国，201410496692.3［P］．2015 – 01 – 07.

［108］ 孙佩石，宁平，宋文彪．低浓 SO_2 冶炼烟气的液相催化法净化处理研究［J］．环境科学，1996，17（4）：4.

［109］ 宾智勇．石煤提钒研究进展与五氧化二钒的市场状况［J］．湖南有色金属，2006，22（1）：16～20.

[110] 潘勇, 于吉顺, 吴红丹. 石煤提钒的工艺评价 [J]. 矿业快报, 2007 (4): 10~13.

[111] 陈芳. 焙烧钒矿脱硫剂的脱硫性能 [D]. 长沙: 湖南大学, 2010.

[112] 韩良, 蔡旭光, 于洋. 简析氧化镁脱硫技术应用 [J]. 区域供热, 2010 (4): 40.

[113] 申屠洪飞. 有色金属废弃物火法冶炼烟气脱硫新工艺 [J]. 资源节约环保, 2015 (3): 270.

[114] 樊保国, 杨靖, 刘军娥, 等. 镁渣脱硫剂的水合及添加剂改性研究 [J]. 热能动力工程, 2013, 28 (4): 415.

[115] 段丽萍, 寇斌达, 姬克丹, 等. 镁渣应用于循环流化床锅炉脱硫的试验 [J]. 热力发电, 2016, 45 (1): 82.

[116] 刘世斌, 李存儒. 复合金属氧化物脱硫剂脱除 SO_2 动力学 [J]. 燃料化学报, 1998, 26 (1): 83.

[117] 李磊, 王华, 胡建杭, 等. 铜渣综合利用的研究进展 [J]. 冶金能源, 2009, 28 (1): 44.

[118] 张恒. 铜渣/$Ca(OH)_2$/H_2O_2 混合浆液烟气同时脱硫脱硝实验研究 [D]. 昆明: 昆明理工大学. 2015.

[119] 朱德庆, 潘建, 潘润润. 过渡金属离子液相催化氧化低浓度烟气脱硫 [J]. 中南工业大学学报 (自然科学版), 2003, 34 (5): 489.

[120] 宁平, 宋文彪, 孙珮石. 液相催化氧化净化低浓度 SO_2 生产复肥研究 [J]. 环境科学, 1991, 12 (5): 10.

[121] 赵毅, 马双忱, 华伟, 等. 电厂燃煤过程中汞的迁移转化及控制技术研究 [J]. 环境污染治理技术与设备, 2003, 4 (11): 59.

[122] 陈传敏, 赵毅, 马双忱, 等. Mn-Fe 协同催化氧化脱除烟气中 SO_2 的研究 [J]. 华北电力大学学报, 2001, 28 (4): 80.

[123] 马双忱, 赵毅, 郑福玲, 等. 液相催化氧化脱除烟道气中 SO_2 和 NO_x 的研究 [J]. 中国环境科学, 2001, 21 (1): 33.

[124] 李惠萍, 靳苏静, 李雪平, 等. 工业烟气的赤泥脱硫研究 [J]. 郑州大学学报 (工学版), 2013, 34 (3): 34.

[125] 洪玉明. 新型脱硫剂的试验研究及应用 [J]. 轻金属, 2015, (2): 14~15.

[126] 王华, 祝社民, 李伟峰. 烟气脱硫技术研究新进展 [J]. 电站系统工程, 2006, 22 (6): 5.

[127] 赵改菊, 路春美, 田园. 赤泥的固硫特性及其机理研究 [J]. 燃料化学学报, 2008, 36 (3): 365.

[128] 位朋, 李惠萍, 靳苏静, 等. 氧化铝赤泥用于工业烟气脱硫的研究 [J]. 化工进展, 2011 (S1): 344.